现代焊接技术与应用培训教程

激光焊机器人操作及应用

主　编　刘　伟
副主编　王玉松　郭广磊
参　编　刘志福　汤洪超　周广涛
　　　　李　飞　魏秀权
主　审　郭　江

机械工业出版社

本书根据《国家职业技能标准 焊工》相关知识和技能要求，主要针对焊接机器人操作中级工、高级工、技师职业能力考核项目中的机器人激光焊相关内容编写，为焊接机器人操作工所要求激光焊部分的中级工、高级工、技师职业能力学习和实操提供帮助。本书内容深入浅出、图文并茂，便于学习者理解和掌握。本书以唐山松下4kW直接半导体远程激光焊机器人系统为例，通过激光焊机器人系统介绍以及各类金属材料工艺试验，讲述机器人激光焊和激光切割系统构成、技术、工艺及维护保养等方面的内容。

本书作为机器人焊接国家职业技能鉴定参考用书，同时被选作中国焊接协会机器人焊接培训基地指定教程，可供职业院校和应用型本科院校作为教材使用，也可供企业工程技术人员参考。

图书在版编目（CIP）数据

激光焊机器人操作及应用 / 刘伟主编 .—北京：机械工业出版社，2023.1

现代焊接技术与应用培训教程

ISBN 978-7-111-72210-6

Ⅰ.①激… Ⅱ.①刘… Ⅲ.①激光焊 – 焊接机器人 – 技术培训 – 教材 Ⅳ.① TP242.2

中国版本图书馆 CIP 数据核字（2022）第 235419 号

机械工业出版社（北京市百万庄大街 22 号　邮政编码 100037）
策划编辑：侯宪国　　　　　责任编辑：侯宪国　王　良
责任校对：樊钟英　贾立萍　封面设计：张　静
责任印制：郜　敏
北京富资园科技发展有限公司印刷
2023 年 3 月第 1 版第 1 次印刷
184mm×260mm・11 印张・270 千字
标准书号：ISBN 978-7-111-72210-6
定价：39.80 元

电话服务　　　　　　　　网络服务
客服电话：010-88361066　机 工 官 网：www.cmpbook.com
　　　　　010-88379833　机 工 官 博：weibo.com/cmp1952
　　　　　010-68326294　金 书 网：www.golden-book.com
封底无防伪标均为盗版　　机工教育服务网：www.cmpedu.com

中国焊接协会机器人焊接培训教材编审委员会

主　任：李连胜　卢振洋
副主任：吴九澎　张　华　陈树君
委　员：戴建树　李宪政　朱志明
　　　　杨春利　罗　震　张秀珊
　　　　何志军　汤子康　刘　伟
　　　　李　波　肖　珺

序

激光加工技术是一项集光、机电、材料及检测于一体的先进技术。激光加工主要涉及激光焊、激光切割、激光打标、激光雕刻等，现在一般的激光加工都采用了多项先进技术，多功能集成度高、实用性强、自动化程度高、操作简单、结果直观，而且加工过程中可实现动态同步跟踪显示，具有程序错误自动诊断、限位保护等功能。激光焊是一种高效、清洁的焊接方法，质量好、效率高，具有广阔前景，是一项迅速发展的现代焊接技术和前沿学科。随着机器人应用技术的普及，越来越多的企业将激光焊技术与工业自动化生产结合应用，与此同时，对于机器人激光焊技术、技能人才的培养成为当务之急。

厦门市集美职业技术学校的刘伟老师于2010年从企业到学校从事机器人焊接职业教育，进行机器人焊接技术技能人才的培养。2013年1月，中国焊接协会机器人焊接（厦门）培训基地在该校实训中心挂牌成立。在中国焊接协会教育与培训工作委员会的共同参与下，他将二十余年的焊接岗位工作实践进行汇总和提炼，编写了十本焊接机器人应用系列培训教程，初步构建起了焊接机器人应用职业教育课程体系，填补了国内在该领域的空白。其中，第一册《焊接机器人基本操作及应用》、第二册《中厚板焊接机器人系统及传感技术应用》、第三册《焊接机器人离线编程及仿真系统应用》、第四册《点焊机器人系统及编程应用》、第五册《焊接机器人操作编程及应用》、第六册《焊接机器人操作编程及应用专业术语英汉对照》、第七册《机器人焊接编程与应用》和第九册《机器人焊接高级编程》已经由机械工业出版社出版发行，第八册《焊接机器人工作站电气控制基础》正在出版审核中。《激光焊机器人操作及应用》是焊接机器人应用系列培训教程的第十册，由学校、企业和行业知名专家共同参与编审。这十本教程作为机器人焊接国家职业技能鉴定参考教程，也被选作中国焊接协会机器人焊接培训基地指定教程，适合于职业院校和应用型本科院校作为教材使用，也可为企业工程技术人员参考使用。

我们相信，焊接机器人应用系列培训教程的陆续出版，必将推动职业教育焊接专业课程的改革，为国家培养更多适应现代企业需要的现代焊接岗位技能人才贡献力量。

中国焊接协会　副会长
中国焊接协会教育与培训工作委员会　理事长
北京工业大学焊接技术研究所　副所长

陈树君

前　言

激光是20世纪人类最伟大的发明之一，现在已广泛应用于工业、军事、科学研究与日常生活中。由于激光焊具有能量密度高、热影响区小、空间位置转换灵活、可在大气环境下焊接、焊接变形极小等优点，近年来，其应用技术发展非常迅速。

本教材根据最新颁布的国家职业技能标准《焊工》和《焊工国家职业技能培训教程》大纲所涉及的内容进行编写。本教材分为五章；包括：激光基础知识、激光焊、激光焊机器人系统及应用、机器人激光焊生产应用案例、激光切割技术等内容，教材内容结合生产案例、工艺试验、实景图片、操作步骤、练习题等，适合于应用型本科院校、职业院校师生和企业人员作为职业技能培训学习和实操的参考用书。本教材还包含丰富的教学资源包，读者可扫描下方二维码下载。

全书编写前进行了长达三年多的准备，唐山松下产业机器有限公司王玉松老师、刘志福和汤洪超工程师以及华侨大学的周广涛副教授和魏秀权博士提供了第3章的部分素材内容和操作案例，中国焊接协会机器人焊接厦门培训基地郭广磊老师、昆明理工大学的李飞副教授提供了第1章部分内容的素材，刘伟老师编写了第1、2、4、5章内容并进行全书统稿。

本教材在编写期间得到了中国焊接协会的吴九澎副秘书长、唐山松下产业机器有限公司有关领导和专家给予的编写和出版上的大力支持，北京工业大学激光工程研究院郭江高级工程师为全书审稿并提出修改意见，中国焊接协会教育与培训工作委员会理事长、长江学者陈树君教授欣然为本教材作序，在此表示衷心感谢！

编　者

目 录

序
前言

第1章 激光基础知识 ········· 1
1.1 概述 ··············· 1
1.1.1 激光的诞生与发展 ········ 1
1.1.2 激光焊的应用领域 ········ 3
1.1.3 激光焊技术现状与发展趋势 ··· 6
1.2 激光原理 ············ 7
1.2.1 谐振腔原理 ············ 7
1.2.2 产生激光的要素 ········· 8
1.2.3 激光的特性 ············ 10
1.2.4 光束的模式 ············ 11
1.2.5 激光器的分类 ··········· 13
复习思考题 ················ 15

第2章 激光焊 ············ 16
2.1 激光焊原理与特点 ······· 16
2.1.1 激光焊原理 ············ 16
2.1.2 激光焊工艺简介 ········· 17
2.1.3 激光焊特点 ············ 24
2.2 激光焊工艺参数 ········· 26
2.2.1 连续激光焊 ············ 26
2.2.2 脉冲激光焊 ············ 31
2.2.3 激光焊所采用的保护气体 ··· 40
2.3 焊接激光器 ············ 42
2.3.1 焊接激光器的特点 ······· 42
2.3.2 CO_2 激光器 ··········· 42
2.3.3 固体激光器 ············ 49
2.3.4 光纤激光器 ············ 52

2.3.5 各种激光器的优势对比 ····· 56
2.3.6 激光焊设备的选用 ········ 59
2.4 激光焊安全与防护 ········ 60
2.4.1 激光对人体的危害 ········ 60
2.4.2 激光的安全防护及安全等级 ··· 61
复习思考题 ················ 64

第3章 激光焊机器人系统及应用 ···· 65
3.1 激光焊设备使用安全注意事项 ··· 65
3.1.1 激光加工安全规定 ········ 65
3.1.2 激光焊设备安全作业规程 ··· 66
3.1.3 激光焊设备操作流程 ······ 69
3.1.4 激光焊系统故障处理与设备维护 ··· 70
3.1.5 异常显示功能 ··········· 70
3.1.6 设备维护保养前的安全措施 ··· 72
3.2 激光焊机器人系统构成 ····· 73
3.2.1 机器人本体 ············ 73
3.2.2 机器人控制器 ··········· 74
3.2.3 激光头 ················ 75
3.2.4 激光发生器 ············ 77
3.2.5 激光焊冷却系统 ········· 81
3.2.6 激光焊设备使用环境 ······ 82
3.2.7 激光焊辅助功能模块 ······ 83
3.3 激光焊工艺 ············ 89
3.3.1 螺旋摆动工艺方法 ········ 90
3.3.2 激光螺旋工艺方法 ········ 93
3.3.3 电弧焊与激光焊工艺特点对比 ··· 96
3.3.4 激光焊机器人焊接工艺试验案例 ··· 96

3.3.5 机器人激光焊焊接缺陷及
质量要求 ……………………104
3.4 机器人激光焊操作范例 ……………109
3.4.1 I形坡口铝板对接机器人
激光焊 ……………………109
3.4.2 不锈钢板T形接头平角焊缝
机器人激光焊 ……………114
3.4.3 碳钢圆管与镀锌板平角焊缝机器人
激光焊 ……………………118
3.5 激光复合焊的应用 …………………122
3.5.1 激光-电弧复合焊接原理 ………122
3.5.2 激光-电弧复合焊接成形的
影响因素 …………………123
3.5.3 激光-电弧复合焊接及
编程操作 …………………124
复习思考题 ………………………………129

第4章 机器人激光焊生产应用
案例 …………………………131
4.1 激光钎焊在汽车生产中的应用 ………131
4.1.1 激光钎焊系统构成及主要设备 …132
4.1.2 激光钎焊对产品及冲压件的
要求 ………………………136
4.1.3 激光钎焊质量的影响因素及
缺陷成因 …………………136

4.1.4 汽车顶盖机器人激光钎焊 ………140
4.2 激光熔焊在白车身生产中的应用 ……144
4.2.1 激光熔焊系统构成及
主要设备 …………………144
4.2.2 激光熔焊对产品及冲压件的
要求 ………………………145
4.2.3 影响激光熔焊质量的因素 ………146
4.2.4 激光熔焊主要工艺指标 …………146
复习思考题 ………………………………147

第5章 激光切割技术 ……………………148
5.1 概述 …………………………………148
5.1.1 激光切割的原理及特点 …………148
5.1.2 激光切割的设备 …………………150
5.1.3 激光切割参数 ……………………151
5.2 连续激光切割 ………………………153
5.2.1 连续激光切割的特点 ……………153
5.2.2 连续激光切割的原理及分类 ……154
5.2.3 影响激光切割质量的因素 ………155
5.3 激光切割应用 ………………………161
5.3.1 金属材料激光切割 ………………161
5.3.2 非金属材料激光切割 ……………165
5.3.3 三维激光切割 ……………………166
5.3.4 大功率光纤激光器 ………………166
复习思考题 ………………………………167

参考文献 ……………………………………168

第 1 章 激光基础知识

1.1 概述

1.1.1 激光的诞生与发展

1. 激光的诞生

1960年，美国物理学家梅曼在实验室中制成了第一台红宝石激光器，一种神奇的光诞生了，它就是激光。因受限于晶体的热容量，只能产生很短暂的脉冲光束且频率很低，虽然瞬间脉冲峰值能量可高达10^6W，但仍属于低能量输出。激光的英文名称是：Laser (Light Amplificationby Stimulated Emissionof Radiation)，中文意思是"受激发射光放大"，1964年，钱学森院士提议取名为"激光"。

激光焊从20世纪60年代激光器诞生不久就开始了研究，从开始的薄小零件或器件的焊接到目前大功率激光焊在工业生产中的大量的应用，经历了50年的发展。

由于激光焊具有能量密度高、变形小、热影响区窄、焊接速度高、易实现自动控制、无后续加工的优点，近年来正成为金属材料加工与制造的重要手段，越来越广泛地应用在汽车、航空航天、国防工业、造船、海洋工程、核电设备等领域，所涉及的材料涵盖了几乎所有的金属材料。【参见教学资源包（一）1.激光原理PPT】

2. 激光具有良好焊接特性

激光焊是一种技术性非常强的先进制造工艺，一般要根据金属的光学性质（如反射和吸收）和热学性质（如熔点、热导率、热扩散率、熔化潜热等）来决定所使用的激光的功率密度和脉宽等，对普通金属来说，光强吸收系数大约在$105\sim 109$W/cm^2数量级。如果激光的功率密度为$105\sim 109$W/cm^2，则在金属表面的穿透深度为微米数量级。为避免焊接时产生金属飞溅或陷坑，要控制激光功率密度，使金属表面温度维持在沸点附近。对一般金属，激光功率密度常取$105\sim 106$W/cm^2。

激光焊是利用高能量密度的激光作为热源的一种高效、精密的焊接方法。随着航空航天、汽车、微电子等行业的迅猛发展，产品零件结构形状越来越复杂，人们对产品加工精度和表面完整性，以及生产效率、工作环境的要求越来越高，传统的焊接方法难以满足要求，以激光为代表的高能焊接方法得到广泛应用。激光焊因具有高能量密度、可聚焦、深穿透、高效率、高精度及适应性强等优点，受到各厂家的高度重视。

激光焊是将高强度的激光束辐射至金属表面，通过激光与金属的相互作用，金属吸收激光能量，使之转化为热能，使金属熔化后冷却结晶形成焊缝。按激光器输出能量方式的不同，激光焊可分为脉冲激光焊和连续激光焊（包括高频脉冲连续激光焊）；按激光聚焦后光斑上功率密度的不同，激光焊可分为传热焊和深熔焊；在激光深熔焊中又分为对接焊（钎焊）和搭接焊，前者需要填钎料，外观美观。

3. 激光焊的工艺特点

激光焊的优势主要包括：激光焦点光斑小，功率密度高，能焊接一些高熔点、高强度的合金材料；激光焊是无接触加工，没有工具损耗和工具调换等问题；激光能量和移动速度可调，可实现多种焊接形式加工；自动化程度高，可以用计算机进行控制，焊接速度快、功效高，可方便地进行任何复杂形状的焊接；热影响区和材料变形小，无须后续工序处理；激光可通过玻璃，焊接处于真空容器内的工件及处于复杂结构内部位置的工件；易于导向、聚焦，实现各方向变换；激光焊与电子束加工相比较，不需要严格的真空设备系统，操作方便；生产效率高，加工质量稳定可靠，经济和社会效益好。

高度集中的激光可以提供焊接、切割及热处理等功能。以中厚板水平对接激光焊为例，激光焊系统基本构成及焊缝断面如图1-1所示。

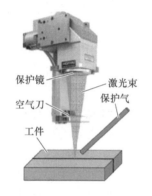
a) 激光焊系统基本构成

b) 焊缝断面

图1-1 激光焊（板对接）

【参见教学资源包（一）2.激光焊技术及激光焊机器人简介PPT】

激光焊工艺特点：

高功率密度，焊接速度快；焊缝窄、焊缝强度高；热影响区小；焊接变形小；压制性能好；喷涂能力好；装配误差小。激光焊接机理如下：

1）激光焊属于熔融焊接，以激光束为能源，冲击在焊件接头上。

2）激光束可由平面光学元件（如镜子）导引，随后再以反射聚焦元件或镜片将光束投射在焊缝上。

3）激光焊属非接触式焊接，作业过程不需加压，但需使用惰性气体以防熔池氧化，填料金属偶有使用。激光加工的热过程经过"加热、熔化、气化和凝固"四个过程，激光焊示意图如图1-2所示。

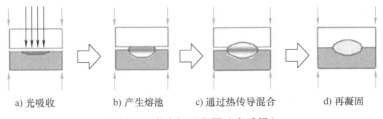

图 1-2 激光焊示意图（穿透焊）

20世纪80年代中期，激光焊作为新技术在欧洲、美国、日本得到了广泛的关注。

使用钕（Nd）为激发元素的钇铝石榴石晶棒（Nd：YAG）可产生 1～8kW 的连续单一波长光束——YAG 激光，波长为 1.06μm，可以通过柔性光纤连接到激光加工头，设备布局灵活，适用焊接材料厚度 0.5～6mm。

使用 CO_2 为激发物的 CO_2 激光（波长 10.6μm），输出能量可达 25kW，可进行 20mm 板厚单道全渗透焊接，工业界已广泛用于金属的加工上。

1985年，德国蒂森钢铁公司与德国大众汽车公司合作，在 Audi100 车身上成功采用了全世界第一块激光拼焊板。20 世纪 90 年代欧洲、北美、日本各大汽车生产厂开始在车身制造中大规模使用激光拼焊板技术。无论实验室还是汽车制造厂的实践经验，均证明了拼焊板可以成功地应用于汽车车身的制造。

激光拼焊是采用激光为能源，将若干不同材质、不同厚度、不同涂层的钢材、不锈钢材、铝合金材等进行自动拼合和焊接而形成一块整体板材、型材、夹芯板等，以满足零部件对材料性能的不同要求，用最轻的重量、最优结构和最佳性能实现装备轻量化。在欧美等发达国家，激光拼焊不仅在交通运输装备制造业中被使用，还在建筑业、桥梁、家电板材的焊接生产，轧钢线钢板焊接（连续轧制中的钢板连接）等领域中被大量使用。

1.1.2 激光焊的应用领域

1. 激光焊的应用领域

用激光能很好地焊接很多材料，所以激光焊作为一种独特的焊接方法日益受到重视。激光焊在汽车、钢铁、船舶、航空、轻工等行业得到了日益广泛的应用，特别是在航空、航天领域得到了成功的应用。表 1-1 是激光焊的部分应用实例。

表 1-1 激光焊的部分应用实例

工业领域	应用实例
航空	发动机壳体、风扇机匣、燃烧室、流体管道、机翼隔架、电磁阀、膜盒等
航天	火箭壳体、导弹蒙皮与骨架、陀螺等
航海	舰船钢板拼焊
石化	滤油装置多层网板
电子仪表	集成电路内引线、显像管电子枪、全钽电容、速调管、仪表游丝、光导纤维等
机械	精密弹簧、针式打印机零件、金属薄壁波纹管、热电偶、电液伺服阀等
钢铁	焊接厚度 0.2～8mm、宽度为 0.5～1.8m 的硅钢、高中低碳钢和不锈钢，焊接速度为 1～10m/min
汽车	汽车底架、传动装置、齿轮、蓄电池阳极板、点火器中轴与拨板组合件等
医疗	心脏起搏器及其所用的锂碘电池
食品	食品罐（用激光焊代替了传统的锡钎焊或接触高频焊，具有无毒、焊接速度快、节省材料以及接头美观、性能优良等特点）

激光焊虽然在焊接深度方面比电子束焊小一些，但由于可免去电子束焊真空室对零件的局限，无须在真空条件下进行焊接，故其应用前景更为广阔。国外自20世纪80年代以来，激光焊设备每年以25%的比例增长。激光加工设备常与机器人结合起来组成柔性加工系统，使其应用范围得到进一步扩大。

在电厂的建造及化工行业，有大量的管－管接头、管－板接头，用激光焊可得到高质量的单面焊双面成形焊缝。在舰船制造业，用激光焊焊接大厚度板（可加填充金属），接头性能优于通常的电弧焊，能降低产品成本，提高构件的可靠性，有利于延长舰船的使用寿命。激光焊还应用于电动机定子铁心的焊接，发动机壳体、机翼隔架等飞机零件的生产，航空涡轮叶片的修复等。

2. 激光焊在汽车工业的应用

汽车和汽车零部件制造行业，是激光焊应用最为广泛，也是最为成熟的行业。高档汽车30%以上的焊接部分应用激光焊。激光焊也使汽车制造质量得到了一个质的飞越。目前，不只是欧美系的汽车大量应用激光焊，日系汽车和国产车也开始由弧焊向激光焊转变。

汽车和零部件制造行业激光焊的工艺特点如下：

1）高功率密度焊接速度快。
2）焊缝窄、焊缝强度高。
3）热影响区小。
4）焊接变形小。
5）压制性能好。
6）喷涂能力好。
7）装配误差小。

激光焊在汽车制造中应用形式如图1-3所示。

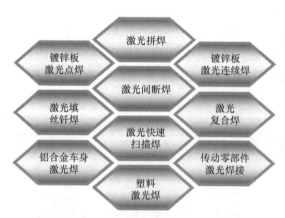

图1-3 激光焊在汽车制造中应用形式

激光焊在汽车制造业中大量应用在汽车车身拼焊板生产中，它是将几块不同材质、不同厚度、不同涂层的钢材用激光把边部对焊，焊接成一块整体板，以满足零部件对材料性能的不同要求。从20世纪80年代中期开始，拼焊板作为新技术在欧洲、美国、日本得到了广泛的关注。拼焊板工艺主要是为汽车行业进行配套服务，尤其在车身零部件生产、制造和设计方面，拼焊板的使用有着巨大的优势。

激光拼焊可以最大限度地减少汽车零件数量、减轻汽车重量、优化零部件的公差和降低成本，同时又可保证汽车的性能，代表了汽车新技术的发展方向。

激光焊还有其他形式的应用，如激光钎焊、激光-电弧焊、激光填丝焊、激光压焊等。激光钎焊主要用于印制电路板的焊接，激光压焊主要用于薄板或薄钢带的焊接。

3. 制造业

激光拼焊（Tailored Bland Laser Welding）技术在加工制造中得到广泛的应用，据统计，2000年全球范围内剪裁坯板激光拼焊生产线超过100条，年产轿车构件拼焊坯板7000万件，并继续以较高速度增长。国内生产的引进车型 Passat、Buick、Audi 等也采用了一些剪裁坯板结构。日本以 CO_2 激光焊代替了闪光对焊进行制钢业轧钢卷材的连接，在超薄板焊接的研究中，如板厚 100μm 以下的箔片，发现无法熔焊，但通过有特殊输出功率波形的 YAG 激光焊得以成功施焊，显示了激光焊的广阔前途。日本还在世界上首次成功开发了将 YAG 激光焊用于核反应堆中蒸气发生器细管的维修等，在国内，科研机构等还进行了齿轮的激光焊技术的研究。

4. 粉末冶金

随着科学技术的不断发展，许多工业技术对材料有特殊要求，应用冶铸方法制造的材料已不能满足需要。由于粉末冶金材料具有特殊的性能和制造优点，在某些领域，如汽车、飞机、工具刃具制造业中正在取代传统的冶铸材料。随着粉末冶金材料的日益发展，它与其他零件的连接问题显得日益突出，使粉末冶金材料的应用受到限制。在20世纪80年代初期，激光焊以其独特的优点进入粉末冶金材料加工领域，为粉末冶金材料的应用开辟了新的前景，如采用粉末冶金材料连接中常用的钎焊的方法焊接金刚石，由于结合强度低，热影响区宽，特别是不能适应高温及高强度要求而引起钎料熔化脱落，采用激光焊则可以提高焊接强度以及耐高温性能。激光填粉焊接（激光熔覆）如图1-4所示。

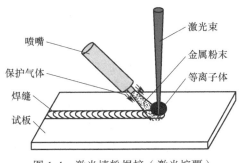

图1-4 激光填粉焊接（激光熔覆）

5. 激光的相关应用

（1）电子工业 激光焊在电子工业中，特别是微电子工业中得到了广泛的应用。由于激光焊热影响区小、加热集中迅速、热应力低，因而在集成电路和半导体器件壳体的封装中，显示出独特的优越性。在真空器件研制中，激光焊也得到了应用，如钼聚焦极与不锈钢支持环、快热阴极灯丝组件等的焊接。传感器或温控器中的弹性薄壁波纹片，其厚度在

0.05～0.1mm，采用传统焊接方法难以解决，TIG焊容易焊穿，等离子焊稳定性差，影响因素多，而采用激光焊效果很好，得到广泛的应用。

近年来激光焊又逐渐应用到印制电路板的装联过程中。随着电路的集成度越来越高，零件尺寸越来越小，引脚间距也变得更小，以往的工具已经很难在细小的空间操作。激光由于不需要接触到零件即可实现焊接，很好地解决了这个问题，受到电路板制造商的重视。

（2）生物医学　生物组织的激光焊接始于20世纪70年代，Klink等及Jain用激光焊接输卵管和血管的成功所显示出来的优越性，使更多研究者尝试焊接各种生物组织，并推广到其他组织的焊接。有关激光焊接神经方面，国内外的研究主要集中在激光波长、剂量及其对功能恢复以及激光焊料的选择等方面的研究，科研人员在进行了激光焊接小血管及皮肤等基础研究的基础上又对大白鼠胆总管进行了焊接研究。激光焊接方法与传统的缝合方法比较，激光焊接具有吻合速度快，愈合过程中没有异物反应，保持焊接部位的机械性质，被修复组织按其原生物力学性状生长等优点，将在以后的生物医学中得到更广泛的应用。

（3）利用激光的方向性可以精确的测量距离。

（4）激光的单色性可用在光纤通信当中。

（5）利用激光的相干性来做全息图像。

（6）其他　在其他行业中，激光焊的应用也逐渐增加，特别是在特种材料焊接中国内进行了许多研究，如对BT20钛合金、HEl30合金、Li-ion电池等激光焊，德国玻璃机械制造商GlamacoCoswig公司与IFW接合技术与材料实验研究院合作开发出了一种用于平板玻璃的激光焊新技术。

1.1.3　激光焊技术现状与发展趋势

激光焊作为现代科技与传统技术的结合体，其相对于传统焊接技术而言，因其技术独特之处使其本身的应用领域以及应用层面更加广泛，可以极大地提升焊接的效率和精度。其功率密度高、能量释放快，从而更好地提高了工作效率，同时其本身的聚焦点更小，无疑使得焊接的材料之间的粘连更好，不会造成材料的损伤和变形。激光焊技术的出现，拓展了传统焊接技术所无法应用领域，其能够简单的实现不同材质，如金属与非金属等的多种焊接需求。并且因为激光本身的穿透性和折射性，使得其能够依据光线本身的运行轨迹，实现360°范围内的随意聚焦，而这无疑是传统焊接技术发展下所无法想象的。除此之外，因为激光焊能够在短时间内释放大量热量实现快速焊接，因而其对于环境要求更低，能够在一般室温条件下进行，而无须再在真空环境或是气体保护状态下进行焊接。经过几十年的发展，人们对于激光技术的了解以及认知程度不断提高，其也从最初的军事领域逐步扩展到现代民用领域，而激光焊技术的出现进一步拓展了激光技术的应用范围。未来激光焊技术不仅能够用于汽车、钢铁、仪器制造等领域，其必然还可以在军事、医学等更多的领域得到应用，特别是在医学领域，借助于其本身的高热量、高熔合、卫生等特点，可以更好地在神经医学、生殖医学等临床诊治中应用。而激光焊接本身的精度优势也会更多的在精密仪器制造业中得到应用，从而不断造福人类社会的发展。

虽然与传统的焊接方法相比，激光焊尚存在设备昂贵，一次性投资大，技术要求高的问题，使得激光焊在我国的工业应用还相当有限，但激光焊生产效率高和易实现自动控制的特点使其非常适于大规模生产线和柔性制造。

1.2 激光原理

1.2.1 谐振腔原理

激光是利用受激辐射实现光的放大。LASER 是五个英文单词首字母的组合，每个字母所代表的单词含义如图 1-5 所示。

L	–	Light	光线
A	–	Amplification by	放大
S	–	Stimulated	受激
E	–	Emission	发射
R	–	Radiation	辐射

图 1-5 LASER 英文首字母单词含义

1. 激光谐振腔专业术语解释

（1）跃迁、辐射

1）辐射跃迁：粒子从外界吸收能量时从低能级跃迁到高能级；从高能级跃迁到低能级时向外界释放能量。如果吸收或释放的能量是光量，则称此跃迁为辐射跃迁。辐射光子的能量：$E=E_2-E_1=h\nu$，公式中，h 为普朗克常数，ν 为光波频率。

2）激发：实现粒子从低能级跃迁到高能级跃迁的过程称为激发。主要方式有：加热激发、辐射激发、碰撞激发。

3）自发辐射：处于高能级的粒子自发地向低能级跃迁并释放光子的过程。

4）受激辐射：处于高能级的粒子受到一个能量为 $h\nu=E_2-E_1$ 光子的作用，从 E_2 能级跃迁到 E_1 能级并同时辐射出与入射光子完全一样（频率、相位、传播方向、偏振方向）的光子的过程。

5）受激吸收：处于低能级的粒子受到一个能量为 $h\nu=E_2-E_1$ 光子的作用，从 E_1 能级跃迁 E_2 能级的过程。

6）自发辐射与受激辐射的区别：一个是自由辐射的过程，光波之间没有固定的关系；另一个则是入射与辐射的光完全一致。

（2）粒子数反转与泵浦

1）粒子数反转：热平衡状态下，处于高能级的粒子远远少于处于基态的粒子数，如果在外界作用下打破平衡，使亚稳态能级的粒子数大于处于低能级的粒子数，这种状态称为粒子数反转。

2）激光工作物质：凡是可以通过激励实现粒子数反转的物质都称激光工作物质。

分类：激光工作物质一般都是三能级或四能级系统。

3）泵浦：使工作物质在某两个能级之间实现粒子数反转的过程称为泵浦或抽运。

方式：光泵浦（YAG）、电泵浦（CO_2）、化学能泵浦或核能泵浦（燃料激光器）。

2. 激光器谐振腔基本构成及原理

把一段长度的工作物质放在两个互相平行的反射镜（其中至少有一个是部分透射的）构成的光学谐振腔中，处于高能级的粒子会产生各种方向的自发发射。其中，非轴向传播的光很快逸出谐振腔外；而轴向传播的光却能在腔内往返传播，当它在激光物质中传播时，光强不断增长，获得足够能量而开始发射出激光。激光器谐振腔的基本结构示意图如图1-6所示。

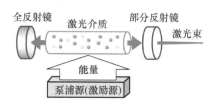

图1-6 激光器谐振腔的基本结构示意图

【参见教学资源包（一）2.激光器种类及激光焊工艺简介】

要使介质处于激活状态（粒子数反转），必须由外界提供能量，使低能级的粒子被抽运（泵浦）到高能级。当介质处于激活状态时，它宏观上就表现为介质对光具有放大作用，光被放大也就是说光的强度被提高了。光与原子、分子（离子）的相互作用，这个过程可以描述为：粒子吸收激励能量→粒子数（能级）反转→自发辐射→受激辐射，如图1-7所示。

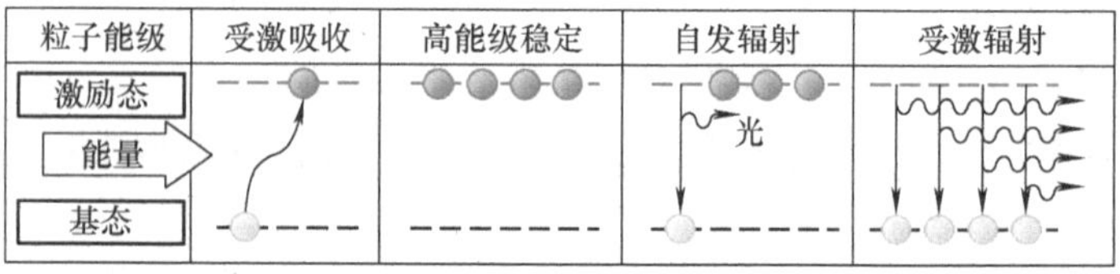

图1-7 粒子受激辐射（能级反转）示意图

综上所述，激光器谐振腔也可解释成将电能、化学能、热能、光量或核能等原始能源转换成某些特定光频（紫外光、可见光或红外光）的电磁辐射束的一种装置。转换形态在某些固态、液态或气态介质中很容易进行。当这些工作物质（介质）以原子或分子形态被激发，便产生相位几乎相同且近乎单一波长的光束——激光。由于具有相同相位及单一波长，差异角均非常小，可传送的距离相当长，在被高度集中后可实施焊接、切割及热处理等作业。

1.2.2 产生激光的要素

激光工作物质（或称介质）、谐振腔（或称激光腔）和泵浦源（或称激励源），是产生激光的三要素。

1. 激光的工作物质

不同的激光器其工作物质不同，通常有以下几种：

（1）固体激光器　工作物质为掺铬离子的红宝石、掺钕离子的钇铝石榴石（简称YAG）、掺钕离子的玻璃棒。

（2）气体激光器　工作物质为CO_2、He-Ne、N_2、Ar等。

（3）半导体激光器　工作物质为以共价键形成的化合物（如GaAS）。

（4）染料激光器　工作物质为有机染料溶液（罗丹明6G）。

2. 谐振腔

谐振腔是激光器的重要部件，不仅是形成激光振荡的必要条件，而且还对输出的模式、功率、光束发散角等均有很大影响。通过选择一个适当结构的光学谐振腔可对所产生受激辐射光束的方向、频率等加以选择。

谐振腔由全反射镜和部分反射镜（输出反射镜）组成，激光由部分反射镜输出。可根据实际情况选用稳定腔、非稳腔或临界稳定腔。谐振腔反射镜原理如图1-8所示。

（1）对光波进行选模（并非任何频率和沿任何方向传播的光波都能存在）。

（2）反馈放大（光在两个反射镜之间来回多次通过工作物质，被反复放大）。

（3）阈值条件（产生激光的必要条件是：激光振荡器必须起振，即阈值条件）。

1）谐振腔内的增益＝谐振腔的损耗。此时，满足阈值条件，激光振荡器起振。

2）增益＞损耗：光强逐渐增加，振荡越来越强，达到饱和时，增益会逐渐减小，这是增益饱和效应。

3）增益＜损耗：光强很快衰减到零，无法振荡。

3. 泵浦源（激励源）

泵浦源能提供能量给激光工作物质，使工作物质能处于稳定的激活状态（粒子搬迁的动力）。

光激励：用光照射工作物质，工作物质吸收光量后产生粒子数反转，通常采用高效率、高强度的发光灯、太阳能等。泵浦源构造及原理如图1-9所示。

图1-8　谐振腔反射镜原理

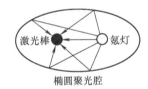

图1-9　泵浦源构造及原理

放电激励：在高电压下，气体分子会发生电离导电，称为气体放电。在放电过程中，气体分子（或原子、离子）与被电场加速的电子碰撞，吸收电子能量后跃迁到高能级，形成粒子数反转。

热能激励：用高温加热方式使高能级上气体粒子数增加，然后突然降低气体温度，因高、低能级的热驰豫时间不同，可使粒子数反转。

核能激励：用核裂变反应放出的高能粒子、放射线或裂变碎片等来激励工作物质，也可实现粒子数反转。

（注：弛豫时间——英文relaxation time，动力学系统的一种特征时间。系统的某种变量由暂态趋于某种定态所需要的时间。在统计力学和热力学中，弛豫时间表示系统由不稳定态趋于某稳定态所需要的时间。）

1.2.3 激光的特性

通常讲激光的四性是指：单色性、方向性、相干性、高亮度。

1. 单色性（单频性）

普通白光是由红、橙、黄、绿、蓝、靛、紫七种单色光组成，它的频率范围很宽。而激光的单色性好。据最新公布的讯息，德国和美国科学家联合创造出了谱线宽度仅10mHz（1mHz为0.001Hz）的激光，创下激光单色性的新世界纪录。激光波长及能量图如图1-10所示。

2. 方向性

激光的方向性好。激光器输出的光束发散角度小于$10^{-5}\sim10^{-3}$rad，方向性好，它几乎是一束平行线，如图1-11所示。

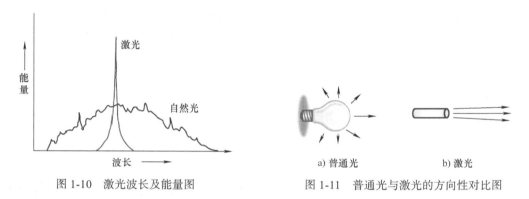

图1-10 激光波长及能量图　　　　图1-11 普通光与激光的方向性对比图

3. 相干性

激光的相干性好。激光是波长与时间重叠（相位一致）光的集合。激光的相位在时间上是保持不变的，合成后能形成相位整齐、规则有序的大振幅光波。因为激光的频率范围很窄，从激光器发出的光就可以步调一致地向同一方向传播，可以用透镜把它们会聚到一点上，把能量高度集中起来，如图1-12所示。

图1-12 激光的相干性示意

4. 能量集中性

普通的光，如太阳光基本上是平行照射下来的，即便是用透镜对太阳光进行聚光，也不会熔化金属。激光能量密度较高，达到10^7W/cm²，通过透镜聚光能够瞬间融化金属。普通光与激光能量集中性对比如图1-13所示。

由于激光的能量集中性好，在单位面积、单位立体角内的输出功率特别大。激光是当代最亮的光源，只有氢弹爆炸瞬间强烈的闪光才能与它相比拟。激光的总能量并不一定很大，但由于能量高度集中，很容易在某一微小点处产生高压和几万摄氏度甚至几百万摄氏度高温。

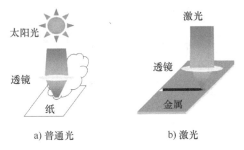

图1-13 普通光与激光能量集中性对比

1.2.4 光束的模式

通常把光波场的空间分布分解为沿传播方向的分布和垂直于传播方向的横截面内的分布。分别称为纵模和横模。

1. 纵模（振荡频率）

光在谐振腔内来回反射，相干叠加，只有形成驻波的光才能振荡。纵模主要影响激光的频率，对加工性能影响很小，如图1-14、式（1-1）所示。

图1-14 纵模

$$L = k\frac{\lambda_k}{2} \quad k = 1,2,3,\cdots \tag{1-1}$$

式中，L为谐振腔长度；λ_k为波长；k为消光系数。

2. 横模

横模主要影响激光能量在横截面的分布，对加工性能影响很大，如图1-15、式（1-2）～式（1-5）所示。

波长为

$$\lambda_k = \frac{2L}{k} \tag{1-2}$$

式中，L为谐振腔长度；λ_k为波长；k为消光系数。

振荡纵模

$$v_k = \frac{c}{\lambda_k} = k\frac{c}{2nL} \tag{1-3}$$

式中，v_k为振荡纵模；c为真空中的光速；L为谐振腔长度；λ_k为波长；n为纵模个数；k为消光系数。

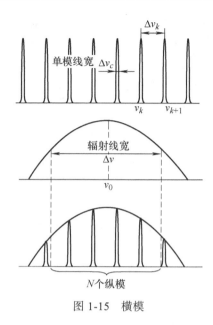

图 1-15 横模

纵模间隔

$$\Delta v_k = v_{k+1} - v_k = \frac{c}{2nL} \qquad (1-4)$$

式中，Δv_k 为纵模间隔；v_{k+1} 为第 $k+1$ 个单模线宽；v_k 为第 k 个单模线宽；n 为折射率；L 为谐振腔长度；c 为真空中的光速。

辐射线宽内的纵模个数为

$$N = \frac{\Delta v}{\Delta v_k} \qquad (1-5)$$

式中，N 为纵模个数；Δv 为辐射线宽；Δv_k 为纵模间隔。

（1）使激光按单模输出，则其单色性由单模线宽决定。

以氦氖激光器为例，其参数见表 1-2。

表 1-2 氦氖激光器参数

条件	频率/MHz
T=300K　p=1～2mmHg	辐射线宽 1300
腔长　L=100cm	纵模间隔 150
L=100cm　反射率98%	单模线宽 <1

（2）若输出光是多模的，其单色性和普通光源一样由辐射线宽决定，如图 1-16 所示。

激光束横截面上几种光斑图形及代号如图 1-17 所示。

激光的光斑半径如图 1-18 所示。

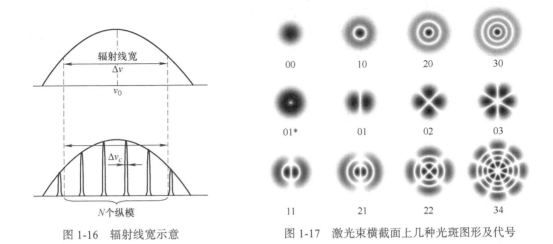

图 1-16 辐射线宽示意

图 1-17 激光束横截面上几种光斑图形及代号

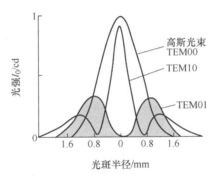

图 1-18 激光的光斑半径

图 1-18 中，光强单位（坎德拉，符号：cd）。TEM00 模又称基模，其光斑中任何一点光强都不为零。若光斑在 x 方向上有一点光强为零，称为 TEM10 模；在 y 方向上有一点光强为零，称为 TEM01 模。以此类推，模式序数 m 和 n 越大，光斑中光强为零的点的数目越多。

1.2.5 激光器的分类

激光器作为核心部件，是所有激光应用的重中之重。激光器的种类众多，下面分别从激光工作物质、激励方式、运转方式、输出波长范围等几个方面进行分类。

1. 按工作物质分类

根据工作物质的不同，可以把激光器分为以下几类：

1）固体激光器。这类激光器包括红宝石激光器、Nd：YAG 棒状激光器、Yb：YAG 激光器、光纤激光器、碟片激光器等，所采用的工作物质是通过把能够产生受激辐射作用的金属离子掺入晶体或玻璃基质中构成发光中心而制成的。

2）气体激光器。这类激光器包括 CO_2 激光器、氦氖激光器、氮气激光器、氩离子激光器等，所采用的工作物质是气体，并且根据气体中真正产生受激辐射作用的工作粒子性质的不同，而进一步区分为原子气体激光器、离子气体激光器、分子气体激光器等。

3）液体激光器。这类激光器所采用的工作物质主要有两类，一类是有机荧光染料溶液（染料激光器），另一类是含有稀土金属离子的无机化合物溶液，其中金属离子（如钕 Nd）起工作粒子作用，而无机化合物液体（如二氯氧化硒 $SeOCl_2$）起基质作用。

4）半导体激光器。这类激光器是以半导体材料作为工作物质，其原理是通过一定的激励方式（电注入、光泵或高能电子束注入），在半导体物质的能带之间或能带与杂质能级之间，通过激发非平衡载流子而实现粒子数反转，从而产生光的受激辐射作用。

各类激光的技术特点比较见表 1-3。

表 1-3　各类激光的技术特点比较

序号	激光类别	增益介质	泵浦源	应用/使用范围	波长
1	气体激光	气体或蒸气	电泵浦	CO_2 激光器/材料加工 氦氖激光器/测量技术	10.6μm（中红外线） 633nm（红光）
2	固体激光	掺杂了激活离子的晶体或玻璃	光泵浦、半导体泵浦	Nd：YAG 激光/材料加工 Nd：玻璃光纤激光/材料加工 Yb：YAG 激光/材料加工 Yb：玻璃光纤激光/材料加工 红宝石激光/材料加工	1060nm（近红外线） 1064nm（近红外线） 1030μm（近红外线） 1070μm（近红外线） 694nm（红光）
3	染料激光	有机染料	光泵浦	染料激光器/光谱学	波长可调谐 300～1200nm
4	半导体激光	半导体	电泵浦	GaInP（磷化铟镓） GaAs（砷化镓）/ 电器、电信、固态激光器泵浦源、材料加工	780～980nm（红光） 670～880nm（近红外线）

2. 按运转方式分类

由于激光器所采用的工作物质、激励方式以及应用目的的不同，其运转方式和工作状态也相应有所不同。按运转方式分类的激光器类别及工作原理见表 1-4。

表 1-4　按运转方式分类的激光器类别及工作原理

序号	激光器类别	工作原理	种类
1	连续激光器	输出的激光可以在一段较长的时间范围内以连续方式持续进行	1）连续光源激励的固体激光器 2）连续电激励的气体激光器 3）半导体激光器
2	单脉冲激光器	输出的激光从时间上来说是一个单次脉冲过程	1）单脉冲固体激光器 2）某些特殊的气体激光器
3	脉冲激光器	以一定方式调制激光振荡过程，获得重复脉冲激光输出	大功率脉冲固体激光器

3. 按输出波段范围分类

根据输出激光波长范围之不同，可将各类激光器分为以下几种。激光的光谱图如图 1-19 所示。

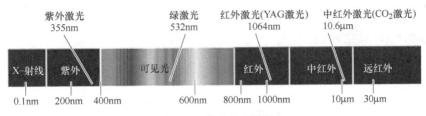

图 1-19 激光的光谱图

1）远红外激光器，输出波长范围处于 25～1000μm 之间，某些分子气体激光器以及自由电子激光器的激光输出即落入这一区域。

2）中红外激光器，指输出激光波长处于中红外区（2.5～25μm）的激光器件，代表者为 CO_2 分子气体激光器（10.6μm）、CO 分子气体激光器（5～6μm）。

3）近红外激光器，指输出激光波长处于近红外区（0.75～2.5μm）的激光器件，代表者为掺钕固体激光器（1.06μm）、GaAs 半导体二极管激光器（约 0.8μm）和某些气体激光器等。

4）可见激光器，指输出激光波长处于可见光谱区（4000～7000Å 或 0.4～0.7μm）的激光器件，代表者为红宝石激光器（6943Å）、氦氖激光器（6328Å）、氩离子激光器（4880Å、5145Å）、氪离子激光器（4762Å、5208Å、5682Å、6471Å）以及一些可调谐染料激光器等。

5）近紫外激光器，其输出激光波长范围处于近紫外光谱区（2000～4000Å），代表者为氮分子激光器（3371Å）、氟化氙（XeF）准分子激光器（3511Å、3531Å）、氟化氪（KrF）准分子激光器（2490Å）以及某些可调谐染料激光器等。

6）真空紫外激光器，其输出激光波长范围处于真空紫外光谱区（50～2000Å）代表者为氢（H）分子激光器（1644～1098Å）、氙（Xe）准分子激光器（1730Å）、EUV 极紫外激光器（135Å）等。

 复习思考题

1. 何谓激光？激光焊的优点有哪些？
2. 激光加工的热过程有哪四个？
3. 产生激光的三要素是什么？
4. 激光特性中，"四性"指的是什么？
5. 激光器的分类有哪些？

第 2 章 激光焊

2.1 激光焊原理与特点

2.1.1 激光焊原理

激光焊是将高强度的激光束辐射至金属表面，通过激光与金属的相互作用，金属吸收激光转化为热能使金属熔化后冷却结晶形成焊缝。激光焊时，激光照射到被焊接材料的表面，与其发生作用，一部分被反射，一部分被材料吸收。对于金属，激光在金属表面 $0.01 \sim 0.1 \mu m$ 的厚度范围被吸收转变成热能，导致金属表面温度升高，再传向金属内部。

激光焊的原理是：光子轰击金属表面使金属蒸发形成蒸气，蒸发的金属可防止剩余能量被金属反射掉。如果被焊金属表面蒸气压力较大，则会得到较大的熔深。激光在材料表面的反射、透射和吸收，本质上是光波的电磁场与材料相互作用的结果。激光光波入射材料时，材料中的带电粒子随着光波电矢量的步调振动，使光子的辐射能变成了电子的动能。物质吸收激光后，首先产生的是某些质点的过量能量，如自由电子的动能，束缚电子的激发能，有时还有过量的声子。这些原始激发能经过一定过程再转化为热能。激光焊的原理如图 2-1 所示。

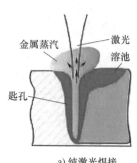
a) 纯激光焊接

b) 激光填丝焊

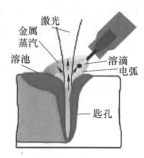
c) 激光电弧复合焊

图 2-1 激光焊的原理

三种激光焊类型焊缝横截面如图 2-2 所示。

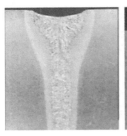 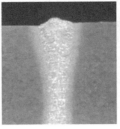 

a) 纯激光焊焊缝　　　b) 激光填丝焊焊缝　　　c) 激光电弧复合焊

图 2-2　三种激光焊类型焊缝横截面

激光是一种崭新的光源，它与其他光源一样是一种电磁波，但它具有其他光源不具备的其他特性，如高方向性、高亮度（光子强度）、高单色性和高相干性。激光加工时，材料吸收的光量向热能的转换是在极短的时间（约为 10^{-9} s）内完成的。在这个时间内，热能仅仅局限于材料的激光辐照区，而后通过热传导，热量由高温区传向低温区。

金属对激光的吸收，主要与激光波长、材料的性质、温度、表面状况以及激光功率密度等因素有关。一般来说，金属对激光的吸收率随着温度的上升而增大，随电阻率的增加而增大。

2.1.2　激光焊工艺简介

激光焊工艺有激光热传导焊、激光深熔焊、激光填丝焊、激光点焊、脉冲激光焊、激光钎焊、激光–电弧复合焊，如图 2-3 所示。

图 2-3　激光焊工艺类型

【参见教学资源包（一）3.激光焊技术及激光焊机器人简介 PPT】

按激光器输出能量方式的不同，激光焊可分为脉冲激光焊和连续激光焊（包括高频脉冲连续激光焊）；按激光聚焦后光斑上功率密度的不同，激光焊可分热传导焊（功率密度小于 $10^5 W/cm^2$）和深熔焊（功率密度大于或等于 $10^5 W/cm^2$）。根据接头形式，深熔焊又分为对接焊、角接焊、端接焊和搭接焊等。汽车的车身顶盖与左右侧围的连接、行李舱上下两部分连接及流水槽连接宜采用激光钎焊，它属于激光热传导焊接，需要填钎料，可以获得光滑的焊缝表面，与较高的密封性。热传导焊与深熔焊的示意图如图 2-4 所示。

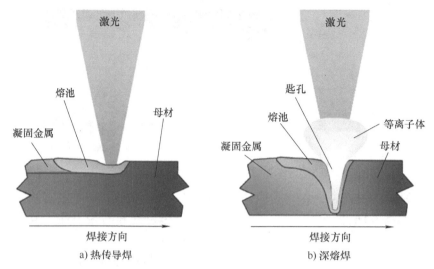

图 2-4 热传导焊与深熔焊的示意图

1. 激光热传导焊接

（1）激光热传导焊接原理 由于激光汇聚于一点时会产生很高的温度（与能量密度大小有关），当温度达到1490℃时钢铁就会熔化，利用此种热效应进行焊接的方式就是热传导焊。其过程为：首先通过激光将工件表面加热到熔点，金属熔化后会形成一个半球形的熔池，熔池的半径和深度慢慢增大，当吸收的激光能量与熔池向四周扩散的热量达到平衡时，熔池便不再扩大。沿预定轨迹移动激光光束，熔池也随之移动，熔池前方的金属不断熔化，后方的金属冷却，从而形成一条焊缝。热传导焊的优点体现在焊缝光滑且飞溅少，速度为 1～3m/min，焊缝深度与宽度比小于1。

热传导焊时，激光将金属表面加热到熔点与沸点之间，金属材料表面将所吸收的激光能转变为热能，使金属表面温度升高而熔化，然后通过热传导方式把热能传向金属内部，使熔化区逐渐扩大，凝固后形成焊点或焊缝，其熔深轮廓宽而浅。热传导焊的特点是激光光斑的功率密度小，部分光被金属表面所反射，光的吸收率较低，焊接熔深浅，焊接速度慢。热传导焊主要用于薄板（厚度小于1mm）、小工件的焊接加工。综上特点，此焊接方式在汽车生产中多用于平板拼焊。

（2）激光热传导焊接应用 以激光打标机为例，其设备构成如下：

1）主控机：编辑打标图形和设置打标参数。
2）激光电源：提供能量给泵浦源。
3）冷却系统：把激光器在工作时产生的热量带走，保证激光器能稳定工作。
4）工作台：用来寻找激光焦点和放置打标物体。
5）光学系统：核心部件。
6）核心部件：光学系统（主梁）。

固体打标机设备结构如图 2-5 所示。

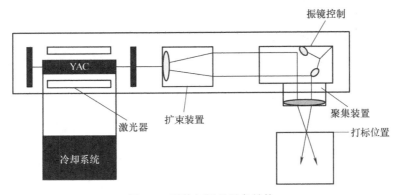

图 2-5　固体打标机设备结构

2. 激光深熔焊接

（1）冶金过程及工艺理论　激光深熔焊冶金物理过程与电子束焊极为相似，即能量转换及耦合机制主要通过"小孔"结构来完成。在足够高的功率密度光束照射下，材料产生蒸发形成小孔。这个充满蒸气的小孔犹如一个黑体，几乎全部吸收入射光线的能量，孔腔内平衡温度达 25000℃ 左右。热量从这个高温孔腔外壁传递出来，使包围着这个孔腔的金属熔化。激光深熔焊示意如图 2-6 所示。

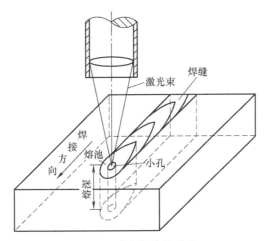

图 2-6　激光深熔焊示意

小孔内充满在光束照射下壁体材料连续蒸发产生的高温蒸气，小孔四壁包围着熔融金属，液态金属四周即围着固体材料。孔壁外液体流动和壁层表面张力与孔腔内连续产生的蒸气压力相持并保持着动态平衡。光束不断进入小孔，小孔外材料在连续流动，随着光束移动，小孔始终处于流动的稳定态。就是说，小孔和围着孔壁的熔融金属随着前导光束前进速度向前移动，熔融金属填充着小孔移开后留下的空隙并随之冷凝，形成焊缝。

（2）影响因素　对激光深熔焊产生影响的因素包括：激光功率、激光束直径、材料吸收率、焊接速度、保护气体、透镜焦长、焦点位置、激光束位置，焊接起始和终止点的激光功率渐升、渐降控制焊缝形貌及抑制弧坑。

（3）激光深熔焊的特征

1）高的深宽比。因为熔融金属围着深熔小孔并延伸向工件，焊缝就变得深而窄。

2）最小热输入。因为源腔温度很高，熔化过程发生得极快，输入工件热量极低，热变形和热影响区很小。

3）高致密性。因为充满高温蒸气的小孔有利于熔接熔池搅拌，导致生成无气孔熔透焊缝。焊后高的冷却速度又易使焊缝组织微细化。

4）强固焊缝。

5）精确控制。

6）非接触，大气焊接过程。

（4）激光深熔焊的优点

1）由于聚焦激光束比常规方法具有高得多的功率密度，导致焊接速度快，热影响区和变形都较小，因此可以焊接钛、石英等难焊材料。

2）因为光束容易传输和控制，又不需要经常更换焊炬、喷嘴，显著减少了停机辅助时间，所以有荷系数和生产效率都高。

3）由于纯化作用和高的冷却速度，焊缝强度高，综合性能高。

4）由于平衡热输入低，加工精度高，可减少再加工费用。另外，激光焊的运行费用也比较低，可以降低生产成本。

5）容易实现自动化，对光束强度与精细定位能进行有效的控制。

（5）激光深熔焊设备　激光深熔焊通常选用连续波 CO_2 激光器或大功率固体激光器，这类激光器能维持足够高的输出功率，产生"小孔"效应，熔透整个工件截面，形成强韧的焊接接头。就激光器本身而言，结合"望远镜"系统，它只是一个能产生可作为热源、方向性好的平行光束的装置。

如果把它导向和有效处理后射向工件，其输入功率就具有强的相容性，使之能更好地适应自动化过程。

为了有效实施焊接，激光器和其他一些必要的光学、机械以及控制部件一起共同组成一个大的焊接系统。这个系统包括激光器、光束传输组件、工件的装卸和移动装置，还有控制装置。这个系统可以是仅由操作者简单地手工搬运和固定工件，也可以是包括工件的自动装、卸、固定、焊接、检验。这个系统的设计和实施的总要求是可获得满意的焊接质量和高的生产效率。

光的吸收的因素：波长、材料性质、材料表面状态，其之间的关系如图2-7所示。

材料的吸收率与温度的关系如图2-8所示。

10.6μm 波长材料的吸收率与温度的关系如式 2-1 所示

$$A_{10.6} = 11.2\left[\rho_{20}\left(1 + K_\rho T\right)\right]^{1/2} \tag{2-1}$$

式中，$A_{10.6}$ 为 10.6μm 波长材料的吸收率；T 为温度；K_ρ 为消光系数（对应电阻率）；ρ_{20} 为 20℃的直流电阻率。

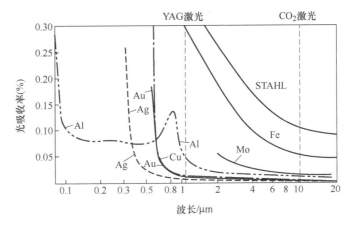

图 2-7 波长、材料性质、材料表面状态间关系

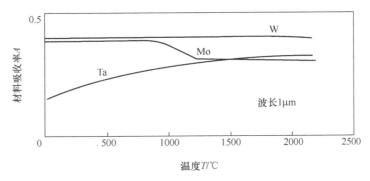

图 2-8 材料的吸收率与温度的关系

（6）激光深熔焊的应用

1）碳钢及普通合金钢的激光焊。总的说，碳钢激光焊效果良好，其焊接质量取决于杂质含量。就像其他焊接工艺一样，硫和磷是产生焊接裂纹的敏感因素。为了获得满意的焊接质量，碳含量超过 0.25%（质量分数）时需要预热。

当不同含碳量的钢相互焊接时，激光作用点可稍偏向低碳材料一边，以确保接头质量。低碳沸腾钢由于硫、磷的含量高，并不适合激光焊。低碳镇静钢由于低的杂质含量，焊接效果就很好。中、高碳钢和普通合金钢都可以进行良好的激光焊，但需要预热和焊后处理，以消除应力，避免裂纹形成。

2）不锈钢的激光焊。一般的情况下，不锈钢激光焊比常规焊接更易于获得优质接头。由于高的焊接速度，因此热影响区很小，敏化不成为重要问题。与碳钢相比，不锈钢具有较低的热导率，更易于获得深熔窄焊缝。

3）不同金属之间的激光焊。激光焊极高的冷却速度和很小的热影响区，为许多不同金属焊接融化后有不同结构的材料相容创造了有利条件。现已证明以下金属可以顺利进行激光深熔焊接：不锈钢～低碳钢，416 不锈钢～310 不锈钢，347 不锈钢～HASTALLY 镍合金，镍电极～冷锻钢，不同镍含量的双金属带。

3. 脉冲激光焊

小型电子元器件及轻薄金属的焊接通常采用激光脉冲焊，有以下一些焊接类型。

1）片与片间的焊接。包括对焊、端焊、中心穿透熔化焊、中心穿孔熔化焊4种工艺方法。

2）丝与丝的焊接。包括丝与丝对焊、交叉焊、平行搭接焊、T形焊4种工艺方法。

3）金属丝与块状元件的焊接。采用激光焊可以成功的实现金属丝与块状元件的连接，块状元件的尺寸可以任意。在焊接中应注意丝状元件的几何尺寸。

4）不同金属的焊接。焊接不同类型的金属要解决焊接性与可焊参数范围，不同材料之间的激光焊只有某些特定的材料组合才有可能。脉冲激光器应用如图2-9所示。

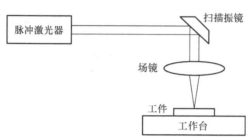

图 2-9　脉冲激光器应用图示

【参见教学资源包（一）4.脉冲激光焊工艺PPT】

4. 激光钎焊

钎焊是采用比母材熔化温度低的钎料，加热温度低于母材固相线而高于钎料液相线的一种焊接方法。当被连接的零件和钎料加热到钎料熔化时，利用液态钎料在母材表面润湿、铺展与母材相互熔解和扩散，在母材间隙中润湿、毛细流动、填缝与母材相互熔解和扩散而实现零件间的连接。钎焊分为硬钎焊和软钎焊，它们二者的区别大多以温度作为区分标准。规定钎料液相线温度高于450℃所进行的钎焊为硬钎焊，低于450℃所进行的钎焊为软钎焊。钎焊属于固相连接，它与熔化焊方法不同，由于母材不熔化，温度低，变形小，可实现异种材料结合，可拆开。因此，机器人激光钎焊在汽车车身生产中得以广泛应用。

（1）激光软钎焊　激光钎焊应用于某些产品的连接不宜采用激光熔焊，但可利用激光作为热源，施行软钎焊与硬钎焊，结果同样具有激光熔焊的优点。采用钎焊的方式有多种，其中，激光软钎焊主要用于印制电路板的焊接，尤其适用于片状元件组装。激光软钎焊特点如下：

1）由于是局部加热，元件不易产生热损伤，热影响区小，因此，可在热敏元件附近施行软钎焊。

2）用非接触加热，熔化带宽，不需要任何辅助工具，可在双面印制电路板上双面元件装配后加工。

3）重复操作稳定性好。钎料对焊接工具污染小，且激光照射时间和输出功率易于控制，激光钎焊成品率高。

4）激光束易于实现分光，可用半透镜、反射镜、棱镜、扫描镜等光学元件进行时间与空间分割，能实现多点同时对称焊。

5）激光钎焊多用波长1.06μm的激光作为热源，可用光纤传输，因此可在常规方式不易焊接的部位进行加工，灵活性好。

6）聚焦性好，易于实现多工位装置的自动化。

常用的软钎焊材料有锡基钎料、铅基钎料、镉基钎料、锌基钎料和金基钎料及低熔点钎料如镓基钎料、铋基钎料和铟基钎料。应用最广泛的是锡铅钎料。当锡铅合金锡的质量分数为61.9%时，即形成熔点为183℃的共晶，其强度和硬度最高。

（2）激光硬钎焊　硬钎焊由于强度高，可用于钎焊受力构件，应用广泛。其包括铝基钎料，银基钎料，铜基钎料，锰基钎料，镍基钎料，金基钎料，钯基钎料。

铝基钎料以铝硅合金为基，还可加入铜、锌、锗等元素以满足工艺性能的要求，用来钎焊铝和铝合金。银基钎料主要以银铜和银铜锌合金为基，还可加入镉、锡、锰、镍、锂等元素以满足不同的钎焊工艺要求，是应用最广的一种硬钎料。铜基钎料在钢、合金钢、铜和铜合金的钎焊方面获得了广泛应用。锰基钎料可以满足不同工艺的需要，锰基钎料的延性好，对不锈钢、耐热钢具有良好的湿润能力，钎缝有较高的室温和高温强度，中等的抗氧化性和耐蚀性，对母材金属无明显的熔蚀作用。镍基钎料内常加入铬、硅、硼、铁、磷和碳等元素，具有优良的抗腐蚀性和耐热性，常用于钎焊奥氏体不锈钢、双相不锈钢、马氏体不锈钢。金基钎料内常加入铜、镍等元素。金基硬钎料与母材金属的作用程度小，常用于薄件的钎焊。钯基钎料具有润湿能力强、蒸气压低、延性好、强度高、对母材金属熔蚀倾向小等特点，适用于不锈钢、镍基合金等材料的钎焊，激光钎焊焊接接头形式和送丝方式如图2-10所示。

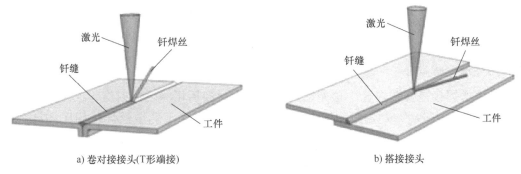

a) 卷对接接头(T形端接)　　　　　　b) 搭接接头

图2-10　激光钎焊焊接接头形式和送丝方式

由于钎焊并不熔化工件本身，而是利用激光的热效应熔化钎焊丝，并将其填充到所需焊接的两个工件之间，其优点在于焊缝美观，产生的热变形小。汽车白车身生产采用激光焊技术，主要对车身顶盖与侧围的接合处进行焊接。采用激光焊后，可达到两块板材之间的分子结合，且板材变形极小，几乎没有连接间隙，从而将车身强度提升30%。此外，因激光焊形成的是连续焊缝，经过打磨器打磨后表面非常光滑、顺畅，在外观上比普通点焊更美观。

汽车顶盖激光钎焊技术是最早应用于车身加工的激光工艺，其原理为利用激光将钎焊丝（一般为铜硅合金）熔化并填充到顶盖与侧围工件的缝隙中，不但能起到连接的作用还可以进行密封。激光源采用YAG连续型激光发生器，最高输出可达4kW，由于钎焊丝的熔点相对钢板要低，所以选择激光的输出功率为1.8～2kW，在熔化钎焊丝的同时，保证顶盖和侧围不产生热变形。激光采用柔性的光缆传输，可以使激光发生器与焊接工位分开,避免设备受到损伤。根据钎焊丝直径的大小,在焊接端利用光学镜头改变激光聚焦的光斑大小使之相互匹配,如钎焊丝直径为1.0mm,将激光聚焦的光斑直径调整为1.2mm,使激光最大限度地作用于钎焊丝上。焊接过程中由机器人带动自适应式焊接镜头,转动轴带动伸缩臂在水平方向上转动,而伸缩臂自身可以在垂直方向移动。由于钎焊丝具有一定的强度,可以在焊接过程中作为导向指针,整个伸缩臂由钎焊丝导向运动轨迹,这样就弥补了理论编程与实际焊缝上的位置偏差。

焊接工作站整个系统采用PLC(可编程逻辑控制器)编程控制,机器人带动镜头移动至焊接起始点,使钎焊丝切入焊缝,此时机器人控制器向激光发生器与送丝机发出指令,保证激光发射与送丝同步进行。钎焊丝被熔化后填入缝隙,经冷却形成光滑平整的焊缝,焊接速度可达2m/min。焊接过程中使用保护气体(氩气或氮气),可避免焊缝周边工件被氧化,使焊缝视觉效果更加美观。汽车顶盖激光钎焊应用如图2-11所示。

图2-11 汽车顶盖激光钎焊

5. 激光填丝焊接

激光填丝焊接是指在焊缝中预先填入特定焊接材料后用激光照射熔化或在激光照射的同时填入焊接材料以形成焊接接头的方法。激光填丝焊接与非填丝焊接相比,具有如下优点:

1)解决了对工件加工装配要求严格的问题。
2)可实现较小功率焊接较厚较大零件。
3)通过调节填丝成分,可控制焊缝区域组织性能。

激光填丝焊接如图2-12所示。

2.1.3 激光焊特点

1. 激光焊的主要特点

激光焊是利用高能量密度的激光束作为热源进行焊接的一种高效精密的焊接方法。采用激光焊,不仅生产率高于传统的焊接方法,而且焊接质量也得到了显著提高。与一般焊接方法相比,激光焊具有如下特点。

1)聚焦后的功率密度可达$10^5 \sim 10^7$ W/cm^2,甚至更高,加热集中,完成单位长度、单位厚度工件焊接所需的热输入低,因而工件产生的变形极小,热影响区也很窄,特别适宜于精密焊接和微细焊接。

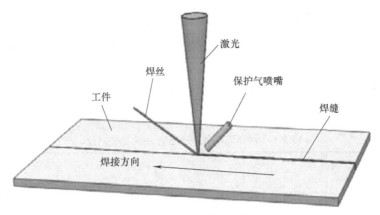

图 2-12 激光填丝焊接

2）激光能发射、透射，能在空间传播相当距离而衰减很小，可进行远距离或一些难以接近的部位的焊接；激光可通过光导纤维、棱镜等光学方法弯曲传输、偏转、聚焦，特别适合于微型零件、难以接近的部位或远距离的焊接。

3）可获得深宽比大的焊缝，焊接厚件时可不开坡口一次焊透成形。激光焊缝的深宽比目前已达到 12∶1，不开坡口单道焊接钢板的厚度已达 50mm。

4）一台激光器可供多个工作台进行不同的工作，既可用于焊接，又可用于切割、合金化和热处理，实现一机多用。

5）适宜于难熔金属、热敏感性强的金属以及热物理性能差异悬殊、尺寸和体积悬殊工件间的焊接。可焊材质种类范围大，也可相互接合各种异质材料。

6）可穿过透明介质对密闭容器内的工件进行焊接。

7）激光束不受电磁干扰，无磁偏吹现象存在，适宜于磁性材料焊接。

8）不需真空室，不产生 X 射线，观察与对中方便。

2. 激光焊的主要缺点

1）焊件位置需非常精确，务必在激光束的聚焦范围内。

2）焊件需使用夹具时，必须确保焊件的最终位置需与激光束将冲击的焊点对准。

3）最大可焊厚度受渗透厚度限制，且渗透厚度远超过 19mm 的工件，生产线上不适合使用激光焊。

4）高反射性及高导热性材料如铝、铜及其合金等，焊接性受激光波长影响较大，较难实现热导焊。

5）当进行中能量至高能量的激光束焊接时，需使用等离子控制器将熔池周围的离子化气体驱除，以确保焊道的再出现。CO_2 深熔焊时，熔池上方的等离子体需用惰性气体吹除，以消除其对激光的吸收和屏蔽，保证焊接过程稳定。

6）CO_2 激光能量转换效率较低，目前只能达到 30%～40%。

7）焊道快速凝固，可能有气孔及脆化的危险。

8）设备昂贵。

为了消除或减少激光焊的缺陷，更好地应用这一先进的焊接方法，工程中常采用激光与其他热源复合焊接的工艺，主要有激光与电弧、激光与等离子弧、激光与感应热源复合焊接、双激光束焊接以及多光束激光焊等。此外，各种辅助工艺措施，如激光填丝焊（可细分为冷丝焊和热丝焊）、外加磁场辅助增强激光焊、保护气控制熔池深度激光焊、激光辅助搅拌摩擦焊等也被采用。

3. 激光焊与其他焊接方法的工艺对比

激光焊与其他焊接方法的工艺对比见表2-1。

表2-1 激光焊与其他焊接方法的工艺对比

对比项目	激光焊	电子束焊	钨极惰性气体保护电弧焊	熔化极气体保护焊	电阻焊
焊接效率	0	0	-	-	+
大深度比	+	+	-	-	-
小热影响区	+	+	-	-	0
高焊接速率	+	+	-	+	-
焊缝断面形貌	+	+	0	0	0
大气压下施焊	+	-	+	+	+
焊接高反射率材料	-	+	+	+	+
使用填充材料	0	0	+	+	-
自动加工	+	+	+	0	+
成本	-	-	+	+	+
操作成本	0	0	+	+	+
可靠性	+	+	+	+	+
组装	-	-	-	+	+

注："+"表示优势；"-"表示劣势；"0"表示适中。

2.2 激光焊工艺参数

2.2.1 连续激光焊

连续激光焊的焊缝成形主要由激光功率、焊接速度确定。CO_2激光器因结构简单、输出功率范围大而被广泛应用于连续激光焊。

1. 接头形式及装配要求

传统焊接方法中使用的绝大部分的接头形式都适合激光焊，所不同的是，由于聚焦后的光束直径很小，因而对装配的精度要求高。在实际应用中，激光焊时接头的设计应考虑有利于匙孔的形成，激光焊的典型接头形式如图2-13所示。

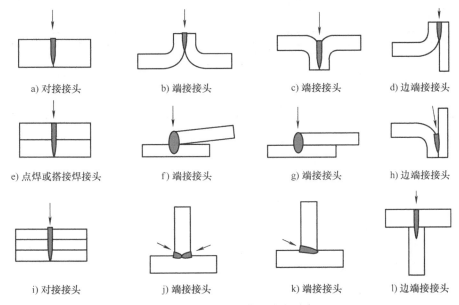

图 2-13 激光焊的典型接头形式

对接接头和搭接接头装配尺寸公差要求如图 2-14 所示。

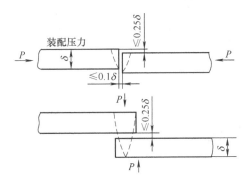

图 2-14 对接接头和搭接接头装配尺寸公差要求

为了获得成形良好的焊缝，焊前必须将焊件装配良好。对接时，如果接头错边太大，会使入射激光在板角处反射，焊接过程不稳定。薄板焊时，间隙太大，焊后焊缝表面成形不饱满，严重时形成穿孔。搭接时板间间隙过大，易造成上下板间熔合不良。卷角接接头具有良好的连接刚性。在吻焊接头形式中，待焊工件的夹角很小，因此，入射光束的能量可绝大部分被吸收。吻焊接头焊接时，可不施加夹紧力或仅施加很小的夹紧力，其前提是待焊工件的接触必须良好。

各类激光焊接头的装配要求见表 2-2 所示。

表 2-2 各类激光焊接头的装配要求

接头形式	允许最大间隙 /mm	允许最大上下错边量 /mm
对接接头	0.10δ	0.25δ
角接接头	0.10δ	0.25δ

（续）

接头形式	允许最大间隙/mm	允许最大上下错边量/mm
T形接头	0.25δ	—
搭接接头	0.25δ	—
卷边接头	0.10δ	0.25δ

在激光焊过程中，焊件应夹紧，以防止焊接变形。光斑在垂直于焊接运动方向上，对焊缝中心的偏离量应小于光斑半径。对于钢铁等材料，焊前焊件表面除锈、脱脂处理即可。在要求较严格时，需要酸洗，焊前用乙醚、丙酮或四氯化碳清洗。

激光深熔焊可以进行全位置焊，起焊和收尾的渐变过渡可通过调节激光功率的递增和衰减过程以及改变焊接速度来实现，在焊接环缝时可实现首尾平滑过渡。深熔小孔内的等离子体可增强激光吸收，能提高焊接过程的效率和熔深。对搭接、对接、端接、角接等接头可采用连续激光焊。

2. 连续激光焊工艺参数

激光焊的主要工艺参数如图2-15所示。

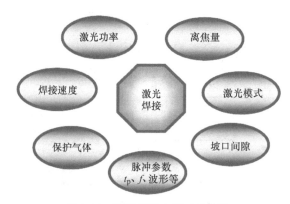

图2-15 激光焊的主要工艺参数

根据激光焊的应用领域，分别以连续激光焊和激光脉冲焊对主要工艺参数进行介绍。

连续激光焊的工艺参数包括：入射光束功率、焊接速度、光斑直径、离焦量和保护气体等。

（1）入射光束功率（激光功率）入射光束功率主要影响熔深，当束斑直径保持不变时，熔深随入射光束功率的增大而变大，图2-16所示为根据对不锈钢、钛、铝等金属的实验而给出的激光焊熔深与入射光束功率的关系。由于光束从激光器到工件的传输过程中存在能量损失，作用在工件上的功率总是小于激光器的输出功率，所以，入射光束功率应是照射到工件上的实际功率。在焊接速度一定的前提下，焊接不锈钢、钛、铬时，最大熔深 h_{max} 与入射光束功率 P 之间关系见式（2-2）

$$h_{max} \propto P^{0.7} \qquad (2-2)$$

（2）焊接速度 激光焊时，可以用能量密度来描述焊件接受激光辐射能量的情况。传统焊接中，热输入定义为：单位长度焊缝接收的激光能量。焊接速度大时，焊缝的热输入小，熔深下降；反之，可以获得较大的熔深。激光焊时，要根据材料的热物理性质、接头形式和零件厚度等条件选择焊接速度，应能使材料吸收到足够的激光能量，实现充分熔化，获得理想的熔深。激光焊熔深随入射光束功率变化的曲线如图 2-16 所示。

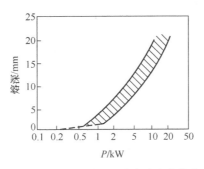

图 2-16　激光焊熔深随入射光束功率变化的曲线

试验表明，熔深随焊接速度的增加几乎是呈线性下降的。1Cr18Ni9Ti 不锈钢在 10kW 功率下熔深随焊接速度的变化如图 2-17 所示。

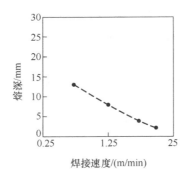

图 2-17　1Cr18Ni9Ti 不锈钢在 10kW 功率下熔深随焊接速度的变化

（3）光斑直径（光束焦斑）　在入射功率一定的情况下，光斑尺寸决定了功率密度的大小。根据光的衍射理论，聚焦后最小光斑直径 d_0 可以通过式（2-3）计算，即

$$d_0 = 2.44 \times \frac{f\lambda}{D}(3m+1) \tag{2-3}$$

式中，d_0 为最小光斑直径（mm）；f 为透镜的焦距（mm）；λ 为激光波长（mm）；D 为聚焦前光束直径（mm）；m 为激光振动模的阶数。

对于一定波长的光束，f/D 和 m 值越小，光斑直径越小。

激光功率是决定焊缝熔深的主要因素，当入射光束能量密度低于 $10^5 W/cm^2$ 时，焊接以传热熔化方式进行，熔深很浅。焊接时为了获得深熔焊缝，要求激光光斑上的功率密度高，当激光焦点上的功率密度大于 $10^6 W/cm^2$ 后，由于效应的形成，使光束吸收率和焊缝熔深显著提高。

提高功率密度的方式有两个：一是提高激光功率 P，它和功率密度成正比；二是减小光斑直径，功率密度与直径的平方成反比。因此，通过减小光斑直径比增加功率的效果更明显。减小 d_0 可以通过使用短焦距透镜和降低激光束横模阶数，低价模聚焦后可以获得更小的光斑。

（4）离焦量　离焦量不仅影响焊件表面激光光斑大小，而且影响光束的入射方向，因而对焊接熔深、焊缝宽度和焊缝横截面形状有较大影响。在离焦量 ΔF 大时，能量密度低，熔深很小，属于热传导焊；当离焦量 ΔF 减小到某一值后，熔深发生跳跃性增加，标志着小孔产生。

激光深熔焊时，熔深最大时的焦点位置是位于焊件表面下方某处，此时焊缝成形最好。通过调节离焦量可以在光束的某一截面选择一光斑直径使其能量密度适合于焊接。

（5）辅助气体　辅助气体可以提高焊缝质量。激光焊时采用辅助气体有两个作用：一是保护焊缝金属不受有害气体的侵袭，防止焊缝氧化和产生气孔；二是影响焊接过程中的等离子体，抑制等离子体云的形成。

在激光焊过程中，保护气体对焊缝的吹射，不仅能防止焊缝的氧化和产生气孔，而且还能把等离子体云吹散，抑制其对入射激光的吸收，保证到达工件表面的功率密度的稳定性。所用气体应该有较大的电离能，以防止保护气体本身发生电离，产生等离子体。常用的保护气体有氩气（Ar）、氦气（He）和氮气（N_2）。He 具有优良保护和抑制等离子体的效果，焊接时熔深较大。若在 He 里加入少量 Ar 或 O_2，可进一步提高熔深。国外广泛使用 He 做保护气体。国内因 He 价格贵，多用 Ar 做保护气体，但 Ar 电离能太低易离解。

不同的保护气体作用效果不同，一般氦气的保护效果最好，但有时焊缝中气孔较多。连续 CO_2 激光焊的工艺参数见表 2-3。

表 2-3　连续 CO_2 激光焊的工艺参数

材料	厚度 /mm	焊速 /cm·s^{-1}	缝宽 /mm	深宽比	功率 /kW
对接焊缝					
321 不锈钢	0.13	3.81	0.45	全焊透	5
	0.25	1.48	0.71	全焊透	5
	0.42	0.47	0.76	部分焊透	5
17-7 不锈钢	0.13	4.65	0.45	全焊透	5
302 不锈钢	0.13	2.12	0.50	全焊透	5
	0.20	1.27	0.50	全焊透	5
	0.25	0.42	1.00	全焊透	5
	6.35	2.14	0.70	7	3.5
	8.9	1.27	1.00	3	8
	12.7	0.42	1.00	5	20
	20.3	21.1	1.00	5	20
	6.35	8.47	—	6.5	16
因康镍合金 600	0.10	6.35	0.25	全焊透	5
	0.25	1.69	0.45	全焊透	5
镍合金 200	0.13	1.48	0.45	全焊透	5
蒙乃尔合金 400	0.25	0.60	0.60	全焊透	5

(续)

材料	厚度/mm	焊速/cm·s^{-1}	缝宽/mm	深宽比	功率/kW
对接焊缝					
工业纯钛	0.13	5.92	0.38	全焊透	5
	0.25	2.12	0.55	全焊透	5
低碳钢	1.19	0.32	—	0.63	0.65
搭接焊缝					
镀锡钢	0.30	0.85	0.76	全焊透	5
304 不锈钢	0.40	7.45	0.76	部分焊透	5
	0.76	1.27	0.60	部分焊透	5
	0.25	0.60	0.60	全焊透	5
角焊缝					
321 不锈钢	0.25	0.85	—	—	5
端接焊缝					
321 不锈钢	0.13	3.60	—	—	5
	0.25	1.06	—	—	5
	0.42	0.60	—	—	5
17-7PH 不锈钢	0.13	1.90	—	—	5
因康镍合金 600	0.10	3.60	—	—	5
	0.25	1.06	—	—	5
	0.42	0.60	—	—	5
镍合金 200	0.18	0.76	—	—	5
蒙乃尔合金 400	0.25	1.06	—	—	5
Ti-6Al-4V 合金	0.50	1.14	—	—	5

（6）透镜焦距　焊接时通常采用聚焦方式会聚激光，一般选用63～254mm（2.5"～10"）焦距的透镜。

（7）焦点位置　焊接时，为了保持足够功率密度，焦点位置至关重要。焦点与工件表面相对位置的变化直接影响焊缝宽度与深度。

（8）激光束位置　对不同的材料进行激光焊时，激光束位置控制着焊缝的最终质量，特别是对接接头的焊接比搭接结头的焊接对此更为敏感。

（9）焊接起始、终止点的激光功率渐升、渐降控制　激光深熔焊接时，不管焊缝深浅，小孔现象始终存在。当焊接过程终止、关闭功率开关时，焊缝尾端将出现凹坑。

2.2.2 脉冲激光焊

1.脉冲激光焊工艺参数

脉冲激光焊类似于点焊，其加热斑点很小，约为微米级，每个激光脉冲在金属上形成一个焊点。主要用于微型、精密元件和一些微电子元件的焊接，它是以点焊或由点焊点搭接成的缝焊方式进行的。常用于脉冲激光焊的激光器有红宝石激光器、钕玻璃激光器、YAG 激光器和光纤激光器等几种。

脉冲激光焊有五个主要焊接参数：脉冲能量、脉冲宽度、脉冲波形、功率密度和离焦量。

（1）脉冲能量　脉冲激光焊时，脉冲能量决定了热输入大小，主要影响金属的熔化量。脉冲能量的吸收主要取决于材料的热物理性能，特别是热导率和熔点。通常情况下，导热性好、熔点低的金属易获得较大的熔深（Al、Cu 除外）。图 2-18、图 2-19 分别表示了当脉冲宽度和光斑直径均保持不变时，焊点熔深 h 和直径 d 随能量大小变化的关系。由于激光脉冲能量分布的不均匀性，最大熔深总是出现在光束的中心部位，而焊点直径也总是小于光斑直径。

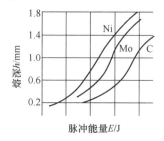 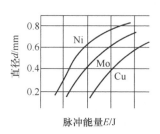

图 2-18　焊点熔深 h 随脉冲能量变化曲线　　图 2-19　焊点直径 d 随脉冲能量变化曲线

（2）脉冲宽度　脉冲宽度主要影响熔深，进而影响接头强度。脉冲能量一定时，对于不同的材料，各存在最佳脉冲宽度，此时焊接熔深最大。图 2-20 所示为脉冲宽度对各种材料熔深的影响。脉冲加宽，熔深逐渐增加，当脉冲宽度超过某一临界值时，熔深反而下降。对于每种材料，都有一个可使熔深达到最大的最佳脉冲宽度。

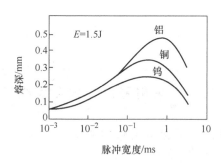

图 2-20　脉冲宽度与熔深之间的关系

（3）脉冲形状　由于材料的反射率随工件表面温度的变化而变化，所以，脉冲形状对材料的反射率有间接影响。激光开始作用时，由于材料表面为室温，反射率很高；随着温度的升高，反射率下降；当材料处于熔化状态时，反射率基本稳定在某一值；当温度达到沸点时，反射率急剧下降。

激光脉冲波形在激光焊中是一个重要问题，尤其对于薄板焊接更为重要。当高强度激光束射至材料表面时，金属表面将会有 60%～98% 的激光能量被反射而损失掉，且反射率随金属表面温度变化。在一个激光脉冲作用期间内，金属反射率的变化很大。激光脉冲如图 2-21 所示。

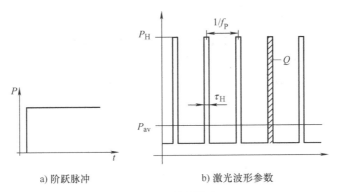

a) 阶跃脉冲　　　　　　　　b) 激光波形参数

图 2-21　激光脉冲

注：P—激光功率；P_H—脉冲峰值功率，计算方法见式（2-4）；P_{av}—激光平均功率；τ_H—脉冲持续时间；f_P—脉冲频率；Q—单位脉冲能量。

$$P_H = \frac{Q}{\tau_H} P_{av} = P_H \tau_H f_P \qquad (2\text{-}4)$$

对大多数金属来讲，在激光脉冲作用的开始时刻，反射率都较高，因而可采用带前置尖峰的激光脉冲波形，如图 2-22 所示。前置尖峰有利于对工件的迅速加热，可改善材料的吸收性能，提高能量的利用率，尖峰过后平缓的主脉冲可避免材料的强烈蒸发，这种形式的脉冲主要适用于低重复频率焊接。

而对高重复频率的焊缝来讲，由于焊缝是由重叠的焊点组成，激光脉冲照射处的温度高，因而，宜采用图 2-23 所示的光强基本不变的平顶波。

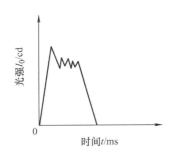

图 2-22　带前置尖峰的激光脉冲波形

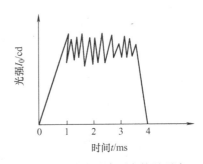

图 2-23　光强基本不变的平顶波

而对于某些易产生热裂纹和冷裂纹的材料，则可采用图 2-24 所示的三阶段激光脉冲，从而使工件经历预热 – 熔化 – 保温的变化过程，最终可得到满意的焊接接头。

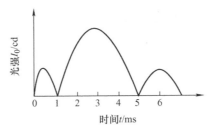

图 2-24　三阶段激光脉冲波形

（4）功率密度　在脉冲激光焊中，要尽量避免焊点金属的过量蒸发与烧穿，因而合理地控制输入到焊点的功率密度是十分重要的。功率密度（W/cm²）分为平均功率密度和峰值功率密度，其计算方法见式（2-5）和式（2-6）。

$$平均功率密度 = 单位脉冲能量 \times 重复频率 \qquad (2-5)$$

$$峰值功率密度 = \frac{单位脉冲能量}{脉冲宽度} \qquad (2-6)$$

金属激光焊机焊接过程中金属的蒸发还与材料的性质有关，即与材料的蒸气压有关，蒸气压高的金属易蒸发。熔点与沸点相差大的金属，其焊接过程易控制。大多数金属达到沸点的功率密度范围约在 $10^5 \sim 10^6$ W/cm²。对功率密度的调节可通过改变脉冲能量、光斑直径、脉冲宽度以及激光模式等实现。

功率密度是激光加工中最关键的参数之一。采用较高的功率密度，在微秒时间范围内，金属表层即可加热至沸点，产生大量气化。因此，高功率密度对于材料去除加工，如打孔、切割、雕刻有利。采用较低功率密度，金属表层温度达到沸点需要经历数毫秒，在表层气化前，底层达到熔点，易形成良好的熔融焊接。因此，在传导型激光焊中，功率密度的范围在 $10^4 \sim 10^6$ W/cm²。

（5）离焦量　离焦量 F 是指焊接时焊件表面离聚焦激光束最小斑点的距离（也称为入焦量）。激光束通过透镜聚焦后，有一个最小光斑直径，如果焊件表面与之重合，则 $F=0$；如果焊件表面在它上面，则 $F>0$，称为正离焦量；反之则 $F<0$，称为负离焦量。

适当的离焦量可以使光斑能量的分布相对均匀，同时也可获得合适的功率密度。尽管正负离焦量相等时，相应表面上的功率密度相等，然而，两种情况下所得到的焊点形状却不相同。负离焦时的熔深比较大，这是因为负离焦时，小孔内的功率密度比工件表面的高，蒸发更强烈。因此，要增大熔深时，可采用负离焦；而焊接薄材料时，则宜采用正离焦。

实验表明，激光加热 $50 \sim 200\mu s$ 材料开始熔化，形成液相金属并出现部分气化，形成高压蒸气，同时以极高的速度喷射，发出耀眼的白光。与此同时，高浓度气体使液相金属运动至熔池边缘，在熔池中心形成凹陷。当负离焦时，焦点位于熔孔内，材料内部功率密度比表面还高，易形成更强的熔化、气化，使光量向材料更深处传递。

各种材料焊件的脉冲激光焊的工艺参数示例见表2-4。

表2-4　各种材料焊件的脉冲激光焊的工艺参数示例

材料	厚度（直径）/mm	脉冲能量/J	脉冲宽度/ms	激光器类别
镀金磷青铜+铝箔	0.3+0.2	3.5	4.3	钕玻璃激光器
不锈钢片	0.145+0.145	1.21	3.7	钕玻璃激光器
纯铜箔	0.05+0.05	2.3	4.0	钕玻璃激光器
镍铬丝+铜片	0.10+0.145	1.0	3.4	钇铝石榴石激光器
不锈钢片+铬镍丝	0.140+0.10	1.4	3.2	红宝石激光器
硅铝丝+不锈钢片	0.10+0.145	1.4	3.2	红宝石激光器

2. 脉冲激光焊工艺及参数

脉冲激光焊热影响区范围小，变形小，焊缝美观。脉冲激光焊一般用于点焊和中小功率的缝焊，焊接厚度一般不大于 1mm。

（1）脉冲激光焊中用到的一些名词

1）注入电功率：由激光电源提供给氙灯的电功率。其值 $P=23.7 \times I^{3/2}$（I：激光强度）。

2）激光平均功率：实际输出的激光功率，等于注入电功率的 2%～3%，从几十到几百瓦不等。

3）激光峰值功率：激光在实际出光时的瞬间功率。由于使用的是脉冲激光，激光峰值功率等于平均功率除以占空比。

4）激光功率密度：单位面积内的激光功率，等于激光峰值功率除以光斑面积。用于焊接的激光一般是 $10^4 \sim 10^5 W/cm^2$ 级别。

5）激光脉冲能量：指单个脉冲所输出的能量。激光脉冲能量的大小由储能电容容量、电压和氙灯决定。这是一个重要的指标，在点焊的时候，单点能量的稳定性对焊接的质量影响很大。

6）脉冲宽度：单个脉冲的时间。

7）脉冲频率：每秒钟内激光脉冲重复的次数。

8）点距：相邻两个焊点间的距离。点距越小，焊接会越慢。

9）焊接速度：等于脉冲频率乘以点距。

（2）激光波形及焊接参数　描述激光波形的参数有：脉冲宽度、脉冲频率、峰值功率、平均功率等。下面为一组实际焊接碳钢板材的激光波形参数，如图 2-25 所示。

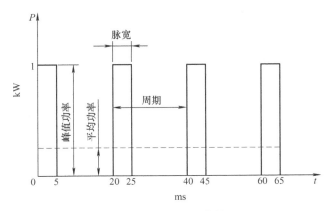

图 2-25　激光波形参数

注：脉冲宽度 =5ms；脉冲频率 =1000/20Hz=50Hz；峰值功率 =1kW；平均功率 =1×5÷20kW=250W。

按照上述参数进行焊接后的熔深与熔宽尺寸如图 2-26 所示。

（3）穿透焊点距说明　激光穿透焊示意如图 2-27 所示。

图 2-27 中，弧线为熔池，从表面来看，重叠率是 50%，但是在两层材料之间，却几乎没有重叠，这样就无法达到密封的效果，所以，在进行激光穿透焊的时候，重叠率应该根据板厚做适当调整。

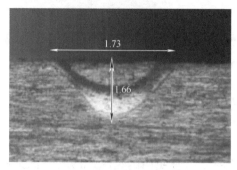

图2-26 熔深与熔宽尺寸

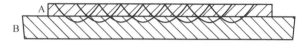

图2-27 激光穿透焊示意图

（4）脉冲激光焊参数对焊接质量的影响因素

1）吸收率的影响

①波长越短，吸收率越高。

②一般导电性好的材料，反射率都很高。

对YAG激光来说，银的反射率是96%，铝是92%，铜是90%，铂是89%，而铁只有60%。

③温度越高，吸收率越高，温度和吸收率呈线性关系。

④表面涂层的影响，一般涂磷酸盐、炭黑、石墨等以提高吸收率。

2）功率密度的影响

①功率密度直接影响表面材料的温升时间，功率密度越大，温度升得越快。

②当入射功率引起的材料温度上升速度小于散热的速度时，材料温度下降。

③几种常用材料在1ms内升温到各温度点对应的功率密度见表2-5。

表2-5 几种常用材料在1ms内升温到各温度点对应的功率密度

金属	熔点/℃	Ic_1/（W/cm²）	沸点/℃	Ic_2/（W/cm²）
铜	1083	110000	2300	234000
铝	660	41000	2062	130000
铁	1539	87000	2700	150000
锌	491	25000	906	45000
钛	1800	30000	3200	53000
不锈钢	1500	35000	2700	63000

3）波形的影响。金属的反射率高表明吸收率低，由于金属材料在固态和液态下对激光体现出不同的吸收率，在固态下反射率较高，而液态下较低，这意味着如果不改变能量注入的波形，则随着物质表面状态的变化，吸收的能量就会增多，随之会出现气化。固态时，如果采用带前置尖峰的激光脉冲波形注入能量，可改善材料的吸收性能，提高能量的利用率。金属材料固态和液态反射率的变化如图2-28所示。

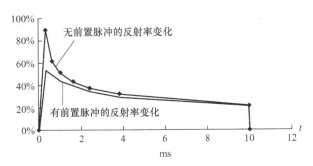

图 2-28　金属材料固态和液态反射率的变化

脉冲波形都是针对点焊而言，而缝焊一般采用若干方波组合。脉冲方波如图 2-29 所示。

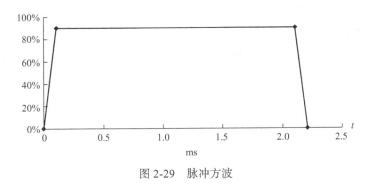

图 2-29　脉冲方波

对于一些容易裂纹的材料，则需要在波形上加一段预热和一段缓冷的时间，如图 2-30 所示。

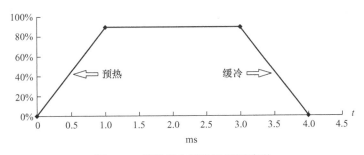

图 2-30　预热段和缓冷段时间波形

4）脉宽的影响

①设注入功率为 I_0 时，需要时间 t_0 后表面温度达到 T，熔深为 h_0，功率为 I_1 时需要时间为 t_1，熔深为 h_1，则有：

$$I_0/I_1 = (t_1/t_0)^{1/2}$$

$$h_1/h_0 = (t_1/t_0)^{1/2}$$

②为达到同样的熔深，有两种方式：增加功率密度和增加脉冲宽度，增加功率密度可以让输入能量降低，增加脉冲宽度可以让焊接更加稳定。

③如对热影响区范围有要求,则脉宽不能太大。

④脉冲宽度增加到一定程度后,熔深不会再增加。

5)离焦量的影响

①激光焦点并不等于聚焦镜的焦点。

②离焦量=焦距-焦镜和工件间的距离,为负值时就是负离焦,为正值就是正离焦。

③离焦量相同时,负离焦可以获得更大的熔深,正离焦会得到更好的表面效果。

④离焦量为0时,焊接时对高度最不敏感,焊接工艺冗余度较好。

⑤采用何种离焦方式,要视具体工艺要求来选择合适的焊接点。

一般在焦点处飞溅比较严重时可以考虑正离焦或是负离焦,采用正离焦还是负离焦则视焊接对熔深的要求而定。激光的焦点是通过聚焦镜片将扩束后的平行光经过聚焦后,形成的锥形的最细的部位为激光的焦点位置,正离焦是焦点在焊接面的上方,负离焦就是焦点在焊接面的下方,对于不同的工艺要求,应选用不同的离焦方式。激光焊通常需要一定的离焦量,因为激光焦点处光斑中心的功率密度过高,容易蒸发成孔。

6)聚焦镜焦距的影响。在入射功率一定的情况下,光斑尺寸决定了功率密度的大小。根据光的衍射理论,聚焦后最小光斑直径 d_0 可以通过下式计算,即:

$$d_0 = 2.44 \times \frac{f\lambda}{D}(3m+1)$$

式中,d_0 是最小光斑直径(mm);f 是透镜的焦距(mm);λ 是激光波长(mm);D 是聚焦前光束直径(mm);m 是激光振动模的阶数。

对于一定波长的光束,f/D 和 m 值越小,光斑直径越小。焊接时为了获得深熔焊缝,要求激光光斑上的功率密度高。为了进行熔孔型加热,焊接时激光焦点上的功率密度必须大于 $10^6 W/cm^2$。

提高功率密度的方法有两个:一是提高激光功率 P,它和功率密度成正比;二是减小光斑直径,功率密度与光斑直径的平方成反比。因此,通过减小光斑直径比增加功率的方法提高功率密度的效果更明显。减小 d_0 可以通过使用短焦距透镜和降低激光束横模阶数的方法获得,低阶模聚焦后可以获得更小的光斑,焦点光斑直径越小,穿透力越强,焦深越短。聚焦镜焦距与穿透力关系示意如图2-31所示。

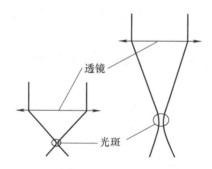

a)焦点光斑直径小　　b)光斑直径较大

图2-31　聚焦镜焦距与穿透力关系

3. 激光焊工艺参数之间的关联性

（1）焊接速度、焊缝深度与激光功率关系如图2-32所示。

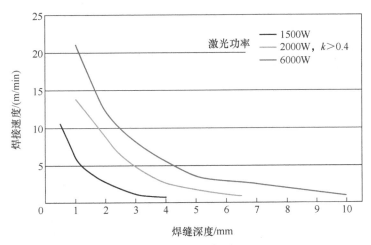

图2-32 焊接速度、焊缝深度与激光功率关系

注：k——消光系数。

（2）焊接速度、焊缝深度与焦距关系如图2-33所示。

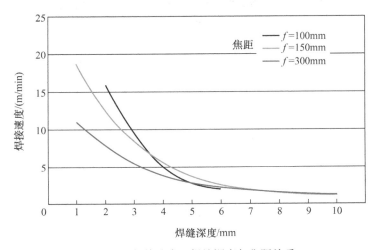

图2-33 焊接速度、焊缝深度与焦距关系

（3）焊接速度、焊缝深度与光束偏振方向关系如图2-34所示。

（4）焦点光斑半径、焊接速度对焊缝截面影响如图2-35所示。

图2-35a中：r_1为焦点半径，v_1为焊接速度；当焦点半径（r_1）一定时，将焊接速度（v_2）变慢，熔深变浅，熔宽增加，如图2-35b所示；保证功率密度不变情况下，当焊接速度（v_2）较慢、焦点半径（r_2）增加的情况下，熔深和熔宽都将增加，如图2-35c所示。

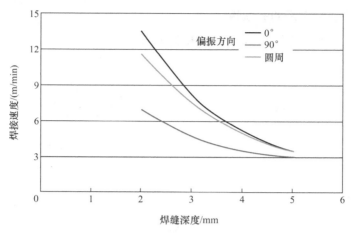

图 2-34 焊接速度、焊缝深度与光束偏振方向关系

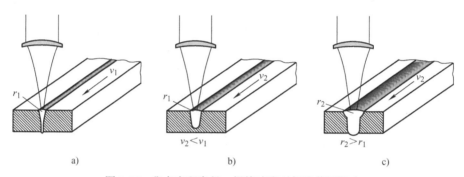

图 2-35 焦点光斑半径、焊接速度对焊缝截面影响

2.2.3 激光焊所采用的保护气体

激光焊与电弧焊的电离气体加热熔化金属不同,激光焊没有高温电离气体的腐蚀,而只是直接加热固体,氧化小。

1. 激光焊的保护气体

激光焊过程中常使用惰性气体来保护熔池,当某些材料焊接可不计较表面氧化时则也可不考虑保护,但对大多数应用场合则常使用氦、氩、氮等气体做保护,使工件在焊接过程中免受氧化。对于平面封闭焊缝,通常采用同轴保护气体方式,如图 2-36 所示。

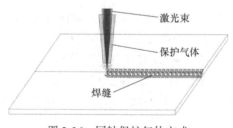

图 2-36 同轴保护气体方式

氦气不易电离(电离能量较高),可让激光顺利通过,光束能量能不受阻碍地直达工

件表面。氦是激光焊时使用最有效的保护气体,但价格比较贵。氩气比较便宜,密度较大,所以保护效果较好。但它易受高温金属等离子体电离,结果屏蔽了部分光束射向工件,减少了焊接的有效激光功率,也影响了焊接速度与熔深。使用氩气保护的焊件表面要比使用氦气保护时更加光滑。氮气作为保护气体最便宜,但对某些类型不锈钢焊接时并不适用,主要是由于冶金学方面的问题,如吸收,有时会在搭接区产生气孔。

使用保护气体的第二个作用是保护聚焦透镜免受金属蒸气污染和液体熔滴的溅射。特别在高功率激光焊接时,由于其喷出物变得非常有力,此时保护透镜则更为必要。

保护气体的第三个作用是对驱散高功率激光焊接产生的等离子屏蔽很有效。金属蒸气吸收激光束电离成等离子云,金属蒸气周围的保护气体也会因受热而电离。如果等离子体存在过多,激光束在某种程度上被等离子体消耗。等离子体作为第二种能量存在于工作表面,使得熔深变浅、焊接熔池表面变宽。通过增加电子与离子和中性原子三者碰撞来增加电子的复合速率,以降低等离子体中的电子密度。中性原子越轻,碰撞频率越高,复合速率越高;另一方面,只有电离能高的保护气体,才不致因气体本身的电离而增加电子密度。

由于等离子体云尺寸与采用的保护气体不同而变化,氦气最小,氮气次之,使用氩气时最大。等离子体尺寸越大,熔深则越浅。造成这种差别的原因首先是由于气体分子的电离程度不同,另外也由于保护气体的不同密度引起金属蒸气扩散差别。

氦气电离最小,密度最小,它能很快地驱除从金属熔池产生的上升的金属蒸气。所以用氦做保护气体,可最大限度地抑制等离子体,从而增加熔深,提高焊接速度;由于质轻而能逸出,不易造成气孔。当然,从实际焊接的效果看,用氩气保护的效果还不错。等离子云对熔深的影响在低焊接速度区最为明显。当焊接速度提高时,它的影响就会减弱。

保护气体是通过喷嘴口以一定的压力射出到达工件表面的,喷嘴的流体力学形状和出口直径的大小十分重要。它必须足够大以驱使喷出的保护气体覆盖焊接表面,但为了有效保护透镜,阻止金属蒸气污染或金属飞溅损伤透镜,喷口大小也要加以限制。流量也要加以控制,否则保护气的层流变成紊流,大气卷入熔池,最终形成气孔。

2. 吹气方式

为了提高保护效果,可用附加的侧向吹气方式,即通过一较小直径的喷管将保护气体以一定的角度直接射入深熔焊接的小孔。保护气体不仅抑制了工件表面的等离子体云,而且对孔内的等离子体及小孔的形成施加影响,熔深进一步增大,获得深宽比较理想的焊缝。但是,此种方法要求精确控制气流量大小、方向,否则容易产生紊流而破坏熔池,导致焊接过程难以稳定。大多直线焊缝均采用侧向吹气方式,如图 2-37 所示。

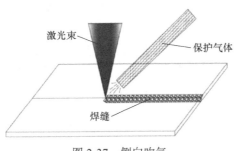

图 2-37 侧向吹气

对于较厚板材,采用负离焦。注意焊接速度适当加快。在成本允许的范围内用氦气和氩气混合气体做保护气体。当然全用氦气最好,但成本高。对于工艺要求较高的场合最好不要只用氩气,因其电离能太低,易产生等离子云。

2.3 焊接激光器

2.3.1 焊接激光器的特点

激光器是能发射激光的装置。激光器是激光焊设备中的重要部分,提供加工所需的光量。对激光器的要求是稳定、可靠,能长期正常运行。为了便于比较,主要的焊接用激光器的技术参数及主要用途及特点见表2-6。

表2-6 焊接用激光器的技术参数及主要用途及特点

激光器	波长/μm	振荡方式	重复频率/Hz	输出功率或能量范围	主要用途
红宝石激光器	0.6943	脉冲	0~1	1~100J	点焊、打孔
钕玻璃激光器	1.06	脉冲	0~10	1~100J	点焊、打孔
YAG激光器(钇铝石榴石)	1.06	脉冲/连续	0~400 连续	1~100J 0~2kW	点焊、打孔焊接、切割、表面处理
密封式CO_2激光器	10.64	连续	—	0~1kW	焊接、切割、表面处理
横流式CO_2激光器	10.64	连续	—	0~25kW	焊接、表面处理
快速轴流式CO_2激光器	10.64	连续、脉冲	0~5000	0~6kW	焊接、切割、表面处理
光纤	1.06	连续、脉冲	0~5000	0~20kW	焊接、切割、表面处理

2.3.2 CO_2激光器

1. 基本信息

CO_2激光器的工作物质:CO_2、N_2、He混合气体,体积比例:6%、28%、66%;光束波长:10.6μm。

CO_2激光器具有体积大、结构复杂、维护困难等特点。

CO_2激光器是一种分子激光器,主要的工作物质是CO_2分子。与其他气体激光器一样,CO_2激光器的工作原理其受激发射过程也较复杂。分子有三种不同的运动,即分子里电子的运动,其运动决定了分子的电子能态;二是分子里的原子振动,即分子里原子围绕其平衡位置不停地做周期性振动——并决定于分子的振动能态;三是分子转动,即分子为一个整体在空间连续地旋转,分子的这种运动决定了分子的转动能态。分子运动极其复杂,因而能级也很复杂。CO_2激光器基本结构如图2-38所示。

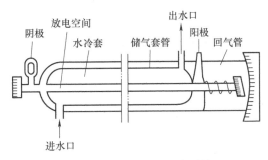

图 2-38 CO_2 激光器基本结构

2. 工作原理

CO_2 分子为线性对称分子，两个氧原子分别在碳原子的两侧，是原子的平衡位置。分子里的各原子始终运动着，要绕其平衡位置不停地振动。根据分子振动理论，CO_2 分子有三种不同的振动方式：

1）两个氧原子沿分子轴，向相反方向振动，即两个氧原子在振动中同时达到振动的最大值和平衡值，而此时分子中的碳原子静止不动，因而其振动被叫作对称振动。

2）两个氧原子在垂直于分子轴的方向振动，且振动方向相同，而碳原子则向相反的方向垂直于分子轴振动。由于三个原子的振动是同步的，又称为弯曲振动。

3）三个原子沿对称轴振动，其中碳原子的振动方向与两个氧原子相反，又叫反对称振动。这三种不同的振动方式，确定了有不同组别的能级。

CO_2 激光是一种分子激光，主要的工作物质是 CO_2 分子，它可以表现出多种能量状态，这要视其振动和旋转的形态而定。简单的 CO_2 分子能级图如图 2-39 所示。

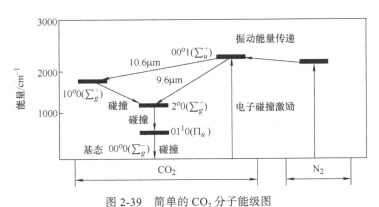

图 2-39 简单的 CO_2 分子能级图

CO_2 激光器里的混合气体是由于电子释放而造成的低压气体（通常 4000～6666Pa）形成的等离子（电浆）。如麦克斯韦–玻耳兹曼分布定律所叙述，在等离子里，分子呈现多种激发状态。一些会呈现高能态（00°1），其表现为反对称振动状态。当与空心墙碰撞或者自然散发，这种分子也会偶然地丢失能量。通过自然散发，这种高能状态会下降到对称振动形态（10°0）以及放射出可能传播到任何方向的光子（一种波长 10.6μm 的光束）。偶然的，这种光子的一种会沿着光轴的腔向下传播，同时也将在谐振腔里振荡。

CO_2 激光器中，工作物质由高纯度 CO_2、氮气、氦气三种气体组成。其中 CO_2 是产生激光辐射的气体，氮气及氦气为辅助性气体。加入其中的氦，可以通过碰撞，减少处在激光 10^00 能级上的分子数，有利于提高 $10.6\mu m$ 激光辐射的反转粒子数。氮气加入主要作用是在 CO_2 激光器中起能量传递作用，提高上能级的激励效率，为 CO_2 激光上能级粒子数的积累与大功率高效率的激光输出起到强有力的推动作用。CO_2 激光器的激发条件：放电管中，输入几十 mA 或几百 mA 的直流电流，放电时，放电管中的混合气体内的氮分子由于受到电子的撞击而被激发起来，这时受到激发的氮分子便和 CO_2 分子发生碰撞，氮分子把自己的能量传递给 CO_2 分子，CO_2 分子从低能级跃迁到高能级上形成粒子数反转，上能级的粒子数反转集聚到一定程度后，跃迁到下能级，并辐射出光子，光子沿腔轴传播，在谐振腔内往返传播的过程中，光子能量得到放大，最终从谐振腔输出，发出激光。

3. 结构

（1）激光管　激光管是激光器中最关键的部件，常用硬质玻璃制成，一般采用层套筒式结构，最里面一层是放电管，第二层为水冷套管，最外一层为储气管。CO_2 激光器放电管直径比 He-Ne 激光器放电管粗。放电管的粗细一般来说对输出功率没有影响，主要考虑到光斑大小所引起的衍射效应，应根据管长而定，管长的粗一点，管短的细一点。放电管长度与输出功率成正比。在一定的长度范围内，每米放电管长度输出的功率随总长度而增加。加水冷套的目的是冷却工作气体，使输出功率稳定。放电管的两端都与储气管连接，即储气管的一端有一小孔与放电管相通，另一端经过螺旋形回气管与放电管相通，这样就可使气体在放电管中与储气管中循环流动，使放电管中的气体随时交换。

（2）光学谐振腔　CO_2 激光器的谐振腔常用平凹腔，反射镜用 K9 光学玻璃或光学石英，经加工成大曲率半径的凹面镜，镜面上镀有高反射率的金属膜——镀金膜，在波长 $10.6\mu m$ 处的反射率达 98.8%，且化学性质稳定。CO_2 发出的光为红外光，所以反射（输出）镜需要应用透红外光的材料，因为普通光学玻璃对红外光不透，就要求在反射（输出）镜的中心开一小孔，再密封上一块能透过 $10.6\mu m$ 激光的红外材料，以封闭气体，这就使谐振腔内激光的一部分从这一小孔输出腔外，形成一束激光。

（3）电源及泵浦　封闭式 CO_2 激光器的放电电流较小，采用冷电极，阴极用钼片或镍片做成圆筒状。工作电流为 30～40mA，阴极圆筒的面积为 $500cm^2$，为不使镜片污染，在阴极与镜片之间加一光阑栏。泵浦采用连续直流电源激发。根据激励 CO_2 激光器直流电源原理，将市内的交流电，用变压器提升，经高压整流及高压滤波获得直流高压电加在激光管上。

4. CO_2 激光器的分类

根据气体流动方式分类：

1）封闭式管：工作气体在谐振腔中不流动。
2）漫流式：工作气体在谐振腔中缓慢流动。
3）横流式：工作气体在谐振腔中流动方向与光束传播方向垂直。
4）轴流式：工作气体在谐振腔中流动方向与光束传播方向同轴。

根据激励方式分类：

1）普通直流高压激励：交流升压—高压整流（16kV）。
2）逆变直流高压激励：交流变频—低压整流—直流升压（16kV）。

3）射频激励：采用无线电波的频率进行激励。

根据谐振腔形式分类：

1）单管直腔式：光束在直线式的腔中振荡，通常用于漫流式激光器中。

2）折叠腔式：内部光路中增加折叠镜，增加激光的振荡长度以提高功率。

（1）横流式 CO_2 激光器　高频激励横流式 CO_2 激光器系统如图 2-40 所示。

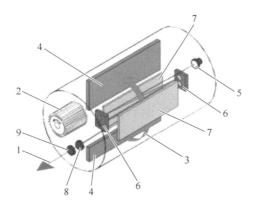

图 2-40　高频激励横流式 CO_2 激光器系统

1—激光束　2—切向排风机　3—气流方向　4—热交换器　5—后镜　6—折叠镜
7—高频电极　8—输出镜　9—输出窗口

一般气流的流动速度较慢，需专用气泵辅助，将热量从放电腔中快速带走。如图 2-41 所示为 8kW 横流式 CO_2 激光器。

图 2-41　8kW 横流式 CO_2 激光器

横流式 CO_2 激光器主要特点：

1）与射频管式 CO_2 激光器相比，使用寿命更长。

2）气体循环系统使用非石英玻璃管，每 8000～10000h 换一次。

3）激光器同电源集成在一套系统中，结构紧凑、设计简单。

4）能量和气体消耗低，运行费用也相对较低。

5）采用低速切向排风机，可靠性好，对自动化生产线尤为重要。

（2）轴流式 CO_2 激光器　放电管中产生放电同时，激光气体混合物沿放电管高速流动，以保证热量的有效输运和热交换。

这种激光器提供的光束质量能满足多种激光加工应用。轴流式 CO_2 激光器如图 2-42 所示。

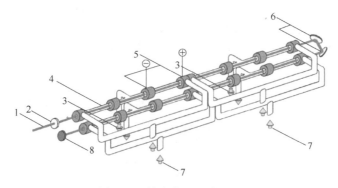

图 2-42 轴流式 CO_2 激光器

1—激光束 2—输出镜 3—气体出口 4—直流激励放电 5—直流电极 6—折叠镜
7—气体入口 8—后镜

几个功能部件在谐振腔中采用了光学串联方式连接，这既提高了功率，同时又保持了各部分独立设计的特点。20kW 射频激励轴流式 CO_2 激光器如图 2-43 所示。

图 2-43 20kW 射频激励轴流式 CO_2 激光器

轴流式 CO_2 激光器的特点：
1）采用模块化设计原理。
2）谐振腔的设计简单（反射镜和光学元件较少）。
3）谐振腔是光学稳定腔，从而避免了衍射损耗（可达 20kW 功率）。
4）谐振腔设计采用了特殊的反射镜排列方式，功率大于 10kW 时具有额外的光学稳定性。
5）功率大于 10kW，激光器气体通过轴流压缩机循环，该压缩机不需润滑油。
6）功率大于 10kW，射频发生器集成到谐振腔中，无须使用高电阻电缆传输在外部产生的射频功率。
7）气体和光学系统采用的冷却回路非常简单。
8）采用常规电源可获得良好的工作效率，降低了运行费用。
（3）扩散冷却 CO_2 激光器 板条式扩散冷却 CO_2 激光器系统如图 2-44 所示。

第 2 章 激光焊

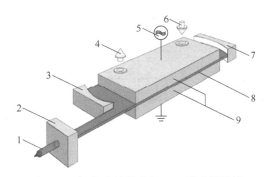

图 2-44 板条式扩散冷却 CO_2 激光器系统

1—激光束　2—光束修整单元　3—输出镜　4—冷却水出口　5—射频激励　6—冷却水入口
7—后镜　8—射频激励放电　9—波导电极

射频气体在两个大面积铜电极之间放电，电极间隙很小，放电腔中通过水冷电极可达到很好的散热效果，或相对较高的能量密度。

扩散冷却 CO_2 激光器具有结构紧凑、光束质量稳定性好、气体消耗少的特点。

1）非常紧凑和几乎无磨损的结构。
2）光束质量好。
3）无气体换热要求。
4）光损失低，均采用铜镜。
5）热稳定性高，采用钻石窗口。
6）气体消耗量低，无须外部气体。
7）没有气体流动，因此光学谐振腔无污染。
8）维护、运行成本低。2.5kW 板条式扩散冷却 CO_2 激光器如图 2-45 所示。

图 2-45　2.5kW 板条式扩散冷却 CO_2 激光器

几种 CO_2 激光器技术参数比较见表 2-7。

表 2-7　几种 CO_2 激光器技术参数比较

激光器类型	横流	轴流	扩散冷却
输出功率等级 /kW	3～45	1.5～20	0.2～3.5
脉冲能力	DC-1kHz	DC-1kHz	DC-5kHz
光束模式	TEM_{02} 以上	TEM_{00}～TEM_{01}	TEM_{00}～TEM_{01}

（续）

激光器类型	横流	轴流	扩散冷却
光束传播系数（K）	≤0.15	≤0.5	>0.9
气体消耗	小	大	极小
电光转换效率（%）	≤15	≤15	≤30
焊接效果	较好	好	优良
切割效果	差	好	优良
相变硬化	好	一般	一般
表面涂层	好	一般	一般
表面熔覆	好	一般	一般

注：表中轴流、扩散冷却激光器的相变硬化、表面涂层、表面熔覆三项指标利用光来整形，也可以达到较好效果。

板条式 CO_2 激光器设备内部构造如图 2-46 所示。

图 2-46　板条式 CO_2 激光器设备内部构造

5. 发展特点

CO_2 激光器具有体积大、结构复杂、维护困难，金属对 10.6μm 波长的激光不能够很好地吸收，不能采用光纤传输激光以及焊接时光致等离子体严重等缺点。CO_2 激光器发展及性能对比见表 2-8。

表 2-8　CO_2 激光器发展及性能对比

对比内容	封离式	慢速轴流	横流	快速轴流	涡轮风机快速轴流	扩散型 SLAB
出现年代	20世纪70年代中期	20世纪80年代早期	20世纪80年代中期	20世纪80年代后期	20世纪90年代早期	20世纪90年代中期
功率 /kW	500	1000	20000	5000	10000	5000
光束质量 M^2 因子	不稳定	1.5	10	5	2.5	1.2
光束参数积 K_f	不稳定	5	35	17	9	4.5

注：$K_f=\lambda/\pi \times M^2$，对于 CO_2，$K_f=3.39M^2$。

从表2-9可以看出，早期的CO_2激光器向激光功率提高的方向发展，但当激光功率达到一定要求后，激光器的光束质量受到重视，激光器的发展随之转移到提高光束质量上。接近衍射极限的扩散冷却板条式CO_2激光器具有较好的光束质量，一经推出就得到了广泛的应用，尤其是在激光切割领域，受到众多企业的青睐。

2.3.3 固体激光器

1. 基本原理

固体激光器（Solid-State Laser）是用固体激光材料作为工作物质的激光器。工作介质是在作为基质材料的晶体或玻璃中均匀掺入少量激活离子。例如，固体激光器（激光棒）Nd：YAG，其字母所代表的含义如下：

Nd — Neodymium 钕

Y — Yttrium 钇

A — Aluminium 铝

G — Granal 石榴石

在钇铝石榴石（YAG）晶体中掺入三价钕离子的激光器可发射波长为1064nm的近红外激光。

固体激光器具有体积小、使用方便、输出功率大的特点，一般连续功率在100W以上，脉冲峰值功率可高达10MW以上，甚至更高。但由于工作介质的制备较复杂，所以价格较高。

固体激光器和半导体激光器的区别：半导体激光器是电激励，直接把电能转化为光量，转换效率高达50%以上。固体激光器是光激励，激活粒子需要吸收光量，然后产生受激振荡；半导体泵浦转化效率一般在15%左右，灯泵浦激励转化效率一般在4%左右。

固体激光器Nd：YAG是由光学振荡器及放在振荡器腔镜间的激光物质所组成，如图2-47所示。激光物质受到激发至高能量状态时，开始产生同相位光波且在两端反射镜间来回反射，形成光电的串结效应，将光波放大，并获得足够能量而开始发射出激光。

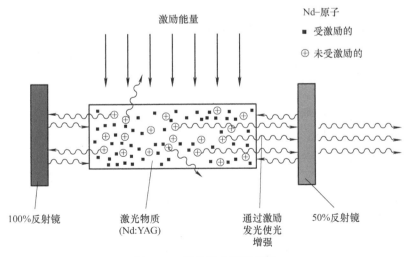

图2-47 固体激光器原理图

激光器谐振腔和聚光腔结构如图2-48所示。

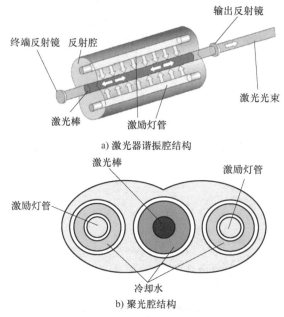

图2-48 激光器谐振腔和聚光腔结构

2. 固体激光器简介

固体激光器一般由激光工作物质、激励源、聚光腔、谐振腔反射镜和电源等部分构成。这类激光器所采用的固体工作物质，是把具有能产生受激辐射作用的金属离子掺入晶体而制成的。在固体中能产生受激辐射作用的金属离子主要有三类：

1）过渡金属离子（如 Cr^{3+}）。

2）大多数镧系金属离子（如 Nd^{3+}、Sm^{2+}、Dy^{2+} 等）。

3）锕系金属离子（如 U^{3+}）。

这些掺杂到固体基质中的金属离子的主要特点是：具有比较宽的有效吸收光谱带，比较高的荧光效率，比较长的荧光寿命和比较窄的荧光谱线，因而易于产生粒子数反转和受激辐射。用作晶体类基质的人工晶体主要有：刚玉（$NaAlSi_3O_6$）、钇铝石榴石（$Y_3Al_5O_{12}$）、钨酸钙（$CaWO_4$）、氟化钙（CaF_2）、铝酸钇（$YAlO_3$）、铍酸镧（$La_2Be_2O_5$）等。

用做玻璃类基质的主要是优质硅酸盐光学玻璃、磷酸盐光学玻璃和氟酸盐光学玻璃等，例如常用的钡冕玻璃和钙冕玻璃。与晶体基质相比，玻璃基质的主要特点是制备方便和易于获得大尺寸优质材料。对于晶体和玻璃基质的主要要求是：易于掺入起激活作用的发光金属离子；具有良好的光谱特性、光学透射率特性和高度的光学（折射率）均匀性；具有适于长期激光运转的物理和化学特性（如热学特性、抗劣化特性、化学稳定性等）。晶体激光器以红宝石（Al_2O_3：Cr^{3+}）和掺钕钇铝石榴石（G^{5+}：Al_2O_3）（简写为 Nd：YAG）为典型代表。玻璃激光器则是以钕玻璃激光器为典型代表。

3. 工作物质

固体激光器的工作物质，由光学透明的晶体或玻璃作为固体激光器基质材料，掺以激活离子或其他激活物质构成。这种工作物质一般应具有良好的物理-化学性质、窄的荧光谱线、强而宽的吸收带和高的荧光量子效率。

玻璃激光工作物质容易制成均匀的大尺寸材料，可用于高能量或高峰值功率激光器。但其荧光谱线较宽，热性能较差，不适于高平均功率下工作。常见的钕玻璃有硅酸盐、磷酸盐和氟磷酸盐玻璃。利用三价钕离子-（Nd^{3+}）作为杂质渗入钇铝石榴石中的激光器是最重要的激光系统之一。

晶体激光工作物质一般具有良好的热性能和力学性能，窄的荧光谱线，但获得优质大尺寸材料的晶体生长技术复杂。20世纪60年代以来已有300种以上掺入各种稀土金属或过渡金属离子氧化物和氟化物晶体实现了激光振荡。常用的激光晶体有红宝石（$Cr：Al_2O_3$，波长0.6943μm）、掺钕钇铝石榴石（$Nd：Y_3Al_5O_{12}$，简称Nd：YAG，波长1.064μm）、氟化钇锂（$LiYF_4$，简称YLF；Nd：YLF，波长1.047μm或1.053μm；Ho：Er：Tm：YLF，波长2.06μm）等。

1973年以来又开发出一类自激活激光晶体。它的激活离子是晶体的一个化学组分，因而激活离子浓度高，不致产生荧光猝灭。这种晶体的激光增益高，抽远阈值低。主要品种有五磷酸钕（NdP_5O_{14}）、四磷酸锂钕（$NdLiP_4O_{12}$）和硼酸铝钕$NdAl_3（BO_4）_3$等。它们多用熔盐法生长，晶体尺寸小，可用于小型固体激光器。

4. 激励源

固体激光器以光为激励源。常用的脉冲激励源有充氙闪光灯；连续激励源有氪弧灯、碘钨灯、钾铷灯等。在小型长寿命激光器中，可用半导体发光二极管或太阳光做激励源。一些新的固体激光器也有采用激光激励的。

灯泵浦固体激光器由于光源的发射光谱中只有一部分为工作物质所吸收，加上其他损耗，因而能量转换效率不高，一般在千分之几到百分之几之间。半导体泵浦固体激光器，由于半导体固体激光源的发射谱线窄，量子云损小，因而半导体激光器可以获得很高的能量转换效率。

5. 固体激光器的分类

1）可调谐近红外固体激光器。

2）可调谐紫外Ce^{3+}激光器Ce：LiSAF。

3）可调谐中红外Cr^{2+}激光器。

4）镱（Yb激光器）。

5）掺钛蓝宝石激光器。

6. 固体激光器的应用

固体激光器在军事、加工、医疗和科学研究领域有广泛的用途。它常用于测距、跟踪、制导、打孔、切割和焊接、半导体材料退火、电子器件微加工、大气检测、光谱研究、外科和眼科手术、等离子体诊断、脉冲全息照相以及激光核聚变等方面。固体激光器还用做可调谐染料激光器及Nd：YAG激光器的激励源。

固体激光器的发展趋势是材料和器件的多样化，包括寻找新波长和工作波长可调谐的新工作物质，提高激光器的转换效率，增大输出功率，改善光束质量，压缩脉冲宽度，提高可靠性和延长工作寿命等。

激光焊接技术经过几十年的快速发展，已深入到包括汽车行业在内的多个领域。高效、快捷、自动一体化，使激光焊接技术占据了极大优势，但同时也暴露出一些问题，稳定性和成本方面与普通电阻焊相比，还有待提高。

2.3.4 光纤激光器

1. 基本信息

光纤激光器（Resonant Fiber Laser）的全称为谐振式光纤激光器。它是用掺稀土元素玻璃光纤作为增益介质的激光器。其关键元件是谐振腔，具有宽带光纤光源，采用稀土元素掺杂光纤。

2. 光纤激光器概述

光纤激光器是指用掺稀土元素玻璃光纤作为增益介质的激光器。光纤激光器可在光纤放大器的基础上开发出来：在泵浦光的作用下光纤内极易形成高功率密度，造成激光工作物质的激光能级"粒子数反转"，当适当加入正反馈回路（构成谐振腔），便可形成激光振荡输出。

光纤激光器应用范围非常广泛，包括激光光纤通信、激光空间远距通信、工业造船、汽车制造、激光雕刻、激光打标、激光切割、印刷制辊、金属非金属钻孔/切割/焊接（激光焊铜、激光淬火、激光涂敷以及激光深熔焊）、军事国防安全、医疗器械、仪器设备、大型基础建设，作为其他激光器的泵浦源等。光纤激光器设备如图2-49所示。

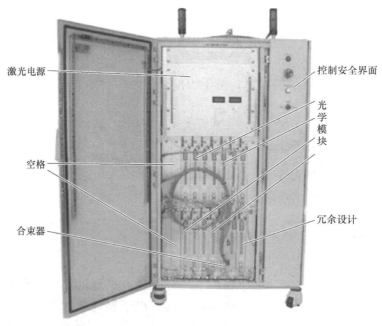

图2-49 光纤激光器设备

3. 工作原理

光纤是以 SiO_2 为基质材料拉成的玻璃实体纤维，其导光原理是利用光的全反射原理，即当光以大于临界角的角度由折射率大的光密介质入射到折射率小的光疏介质时，将发生全反射,入射光全部反射到折射率大的光密介质,折射率小的光疏介质内将没有光透过。普通裸光纤一般由中心高折射率玻璃芯、中间低折射率硅玻璃包层和最外部的加强树脂涂层组成。光纤按传播光波模式可分为单模光纤和多模光纤。单模光纤的芯径较小,只能传播一种模式的光,其模间色散较小。多模光纤的芯径较粗,可传播多种模式的光,但其模间色散较大。按折射率分布的情况划分,可分为阶跃折射率(SI)光纤和渐变折射率(GI)光纤。

以稀土掺杂光纤激光器为例,掺有稀土离子的光纤芯作为增益介质,掺杂光纤固定在两个反射镜 M1、M2 之间构成谐振腔,泵浦光从 M1 入射到光纤中,从 M2 输出激光,如图 2-50 所示。

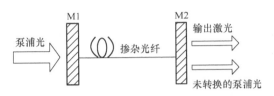

图 2-50 光纤激光器结构

当泵浦光通过光纤时,光纤中的稀土离子吸收泵浦光,其电子被激励到较高的激发能级上,实现了粒子数反转。反转后的粒子以辐射形式从高能级转移到基态,输出激光。实际的光纤激光器可采用多种全光纤谐振腔。

光纤激光器结构如图 2-51 所示。采用 2×2 光纤耦合器构成的光纤环路反射器及由此种反射器构成的全光纤激光器。

图 2-51a 为将光纤耦合器两输出端口联结成环。

图 2-51b 为与此光纤环等效的用分立光学元件构成的光学系统。

图 2-51c 为两只光纤环反射器串接一段掺稀土离子光纤,构成全光纤型激光器。以掺 Nd^{3+} 石英光纤激光器为例,应用 806nm 波长的 AlGaAs(铝镓砷)半导体激光器为泵浦源,光纤激光器的激光发射波长为 1064nm,泵浦阈值约 470μW。

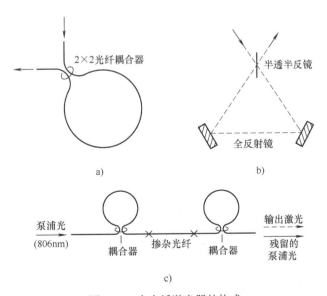

图 2-51 全光纤激光器的构成

利用 2×2 光纤耦合器可以构成光纤环形激光器。如图 2-52a 所示，将光纤耦合器输入端 2 连接一段稀土掺杂光纤，再将掺杂光纤连接光纤耦合器输出端 4 而形成环。泵浦光由耦合器端 1 注入，经耦合器进入光纤环而泵浦其中的稀土离子，激光在光纤环中形成并由耦合器端口 3 输出。这是一种行波型激光器，光纤耦合器的耦合比越小，表示储存在光纤环内的能量越大，激光器的阈值也越低。典型的掺 Nd^{3+} 光纤环形激光器，耦合比≤10%，利用半导体二极管作为泵浦源对波长为 595nm 的输出进行泵浦，产生 1078nm 的激光，阈值为几个毫瓦。上述光纤环形激光腔的等效分立光学元件的光路安排如图 2-52b 所示。

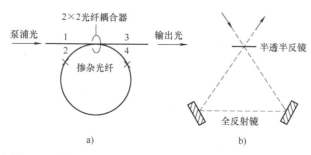

图 2-52 光纤环形激光器的等效分立光学元件的光路安排

利用光纤中稀土离子荧光谱带宽的特点，在上述各种激光腔内加入波长选择性光学元件，如光栅等，可构成可调谐光纤激光器，典型的掺 Er^{3+} 光纤激光器在 1536nm 和 1550nm 处可调谐 14nm 和 11nm。

如果采用特别的光纤激光腔设计，可实现单纵模运转，激光线宽可小至数十兆赫，甚至达 10kHz 的量级。光纤激光器在腔内加入声光调制器，可实现调 Q 或锁模运转。调 Q 掺 Er^{3+} 石英光纤激光器，脉冲宽度 32ns，重复频率 800Hz，峰值功率可达 120W。锁模实验得到光脉冲宽度 2.8ps 和重复频率 810MHz 的结果，可望用作孤子激光源。

稀土掺杂石英光纤激光器以成熟的石英光纤工艺为基础，因而低损耗和精确的参数控制均得到保证。适当加以选择可使光纤在泵浦波长和激射波长均工作于单模状态，可达到高的泵浦效率，光纤的表面积与体积之比很大，散热效果很好，因此，光纤激光器一般仅需低功率的泵浦即可实现连续波运转。光纤激光器易于与各种光纤系统的普通光纤实现高效率的接续，且柔软、细小，因此不但在光纤通信和传感方面，而且在医疗、计测以及仪器制造等方面都有极大的应用价值。

4. 类型

（1）按照光纤材料的种类，光纤激光器可分为：

1）晶体光纤激光器。工作物质是激光晶体光纤，主要有红宝石单晶光纤激光器和 Nd^{3+}:YAG 单晶光纤激光器等。

2）非线性光学型光纤激光器。主要有受激喇曼散射光纤激光器和受激布里渊散射光纤激光器。

3）稀土类掺杂光纤激光器。光纤的基质材料是玻璃，向光纤中掺杂稀土类元素离子使之激活，而制成光纤激光器。

4）塑料光纤激光器。向塑料光纤芯部或包层内掺入激光染料而制成光纤激光器。

(2)按增益介质分类为:

1)稀土类掺杂光纤激光器。

2)非线性效应光纤激光器。

3)单晶光纤激光器。

(3)按谐振腔结构分类为F-P腔、环形腔、环路反射器光纤谐振腔以及"8"字形腔、DBR光纤激光器、DFB光纤激光器等。

(4)按光纤结构分类为单包层光纤激光器、双包层光纤激光器、光子晶体光纤激光器、特种光纤激光器。

(5)按输出激光特性分类为连续光纤激光器和脉冲光纤激光器,其中脉冲光纤激光器根据其脉冲形成原理又可分为调Q光纤激光器(脉冲宽度为ns量级)和锁模光纤激光器(脉冲宽度为ps或fs量级)。

(6)根据激光输出波长数目可分为单波长光纤激光器和多波长光纤激光器。

(7)根据激光输出波长的可调谐特性分为可调谐单波长激光器、可调谐多波长激光器。

(8)按激光输出波长的波段分类为S-波段(1460~1530nm)、C-波段(1530~1565nm)、L-波段(1565~1610nm)。

(9)按照是否锁模,可以分为:连续光激光器和锁模激光器。通常的多波长激光器属于连续光激光器。

(10)按照锁模器件,可以分为被动锁模激光器和主动锁模激光器。

其中被动锁模激光器有:

1)等效/假饱和吸收体:非线性旋转锁模激光器。

2)真饱和吸收体:SESAM(半导体饱和吸收镜)或者纳米材料(碳纳米管,石墨烯,拓扑绝缘体等)。

5. 优势

光纤激光器作为第三代激光技术的代表,具有以下优势:

(1)玻璃光纤制造成本低、技术成熟及其光纤的可挠性所带来的小型化、集约化优势。

(2)玻璃光纤对入射泵浦光不需要像晶体那样的严格的相位匹配,这是由于玻璃基质Stark分裂引起的非均匀展宽造成吸收带较宽的缘故。

(3)玻璃材料具有极低的体积面积比,散热快、损耗低,所以转换效率较高,激光阈值低。

(4)输出激光波长种类多 这是因为稀土离子能级非常丰富及稀土离子种类非常多。

(5)可调谐性 是由于稀土离子能级宽和玻璃光纤的荧光谱较宽。

(6)由于光纤激光器的谐振腔内无光学镜片,具有免调试、免维护、高稳定性的优点,这是传统激光器无法比拟的。

(7)光纤导出,使得光纤激光器能轻易胜任各种多维任意空间加工应用,使机械系统的设计变得非常简单。

(8)胜任恶劣的工作环境 对灰尘、振荡、冲击、湿度、温度具有很高的适应性。

（9）高的电光效率　综合电光效率高达20%以上，大幅度节约工作时的耗电，节约运行成本。

（10）高功率　光纤激光器可达6kW以上。

6. 劣势

由于光纤纤芯很小，相比于固体激光器，其单脉冲能量很小。

7. 应用

（1）标刻　脉冲光纤激光器以其优良的光束质量、可靠性，最长的免维护时间，最高的整体电光转换效率、脉冲重复频率，最小的体积，无须水冷的最简单、最灵活的使用方式，最低的运行费用使其成为在高速、高精度激光标刻方面的唯一选择。

一套光纤激光打标系统可以由一台或两台功率为25W的光纤激光器，一个或两个用来导光到工件上的扫描头以及一台控制扫描头的工业计算机组成，这种设计比用一个50W激光器分束到两个扫描头上的方式高出达4倍以上的效率。该系统最大打标范围是175mm×295mm，光斑大小是35μm，在全标刻范围内绝对定位精度是+/−100μm。100μm工作距离时的聚焦光斑可小到15μm。

（2）材料处理　光纤激光器的材料处理是基于材料吸收激光能量的部位被加热的热处理过程。1μm左右波长的激光光量很容易被金属、塑料及陶瓷材料吸收。

（3）材料弯曲　光纤激光成形或折曲是一种用于改变金属板或硬陶瓷曲率的技术。集中加热和快速自冷却导致在激光加热区域的可塑性变形，永久性改变目标工件的曲率。研究发现用激光处理的微弯曲远比用其他方式具有更高的精密度，同时，这在微电子制造中是一个很理想的方法。

（4）激光切割　随着光纤激光器的功率不断提升，光纤激光器在工业切割方面得以被规模化应用。例如：用快速斩波的连续光纤激光器微切割不锈钢动脉管。由于它的高光束质量，光纤激光器可以获得非常小的聚焦直径和由此带来的小切缝宽度正在刷新医疗器件工业的纪录。

大功率双包层光纤激光器的研制成功，使其在激光加工领域的市场需求也呈迅速扩展的趋势。光纤激光器在激光加工领域的范围和所需性能具体如下：软焊和烧结：50～500W；聚合物和复合材料切割：200W～1kW；去激活：300W～1kW；快速印刷和打印：20W～1kW；金属淬火和涂敷：2～20kW；玻璃和硅切割：500W～2kW。此外，随着紫外光纤光栅写入和包层泵浦技术的发展，输出波段在紫光、蓝光、绿光、红光及近红外光波长上的转换光纤激光器已可以作为实用的全固化光源而广泛应用于数据存储、彩色显示、医学荧光诊断。远红外波长输出的光纤激光器由于其结构灵巧紧凑，能量和波长可调谐等优点，也在激光医疗和生物工程等领域得到应用。

2.3.5　各种激光器的优势对比

光纤激光器具有光电转化效率较高，光束质量好，结构小巧、省电、性能稳定，不易受外界干扰，散热性好，无气体消耗，使用和维护成本较低等优点，随着光纤激光器技术的逐步成熟及商业化应用，将对相关领域的发展产生巨大的推动作用，同时也将引起相关技术领域的深刻变革。

光纤激光器与固体激光器和 CO_2 激光器相比，其应用于焊接有以下优势：

1. 光束质量高

图 2-53 所示为不同种类的工业激光的光束质量参数（BPP）与输出功率的关系，其中，BPP 值越小表示光束质量越好。由图看出，光纤激光有着比其他激光更好的光束质量，只在 5000W 到 10000W 的范围内，略逊于 CO_2 激光。

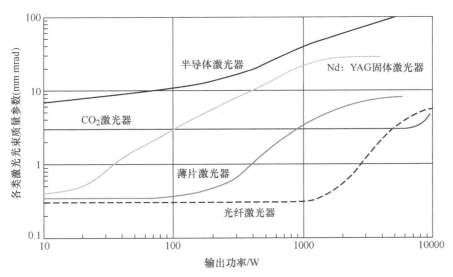

图 2-53　各类激光的光束质量参数与输出功率的关系

半导体激光器：又称激光二极管，它是用半导体材料作为工作物质的激光器。由于物质结构上的差异，不同种类产生激光的具体过程比较特殊。常用工作物质有砷化镓（GaAs）、硫化镉（CdS）、磷化铟（InP）、硫化锌（ZnS）等。激励方式有电注入、电子束激励和光泵浦三种形式。半导体激光器件可分为同质结、单异质结、双异质结等几种。同质结激光器和单异质结激光器在室温时多为脉冲器件，而双异质结激光器室温时可实现连续工作。

半导体二极管激光器是最实用最重要的一类激光器。它体积小、寿命长，并可采用简单的注入电流的方式来泵浦，其工作电压和电流与集成电路兼容，因而可与之单片集成。并且还可以用高达 GHz 的频率直接进行电流调制以获得高速调制的激光输出。由于这些优点，半导体二极管激光器在激光通信、激光打印、雷达、测距以及焊接等方面得到广泛应用。

薄片激光器：它是一类有潜力的高功率激光源，其主要优点是允许非常高的泵浦功率密度，但在晶体内不会有太高的温升。由于薄片激光器具有体型小、结构简单紧凑、重量轻、集成化的优点；同时，输出功率稳定性很高，且成本低，因此更加适合工业加工生产。另外，它在光信息的储存、全息（利用干涉和衍射原理记录并再现物体真实三维图像的技术）以及军事领域激光制导、激光武器等也得以应用。

2. 节约成本

光纤激光器的电光转换效率高达 40%（IPG 官网数据），现有传统激光器技术的效率与光纤激光器是无法相比的。

由于光纤具有很高的"表面积/体积"比,散热效果非常好,不需要庞大的水冷却系统。小功率光纤激光器只需要空气冷却即可,高功率光纤激光器采用水冷,与其他同等的激光器技术相比更加简单,成本更低。

由于光纤激光器采用了更加高效的设计和电信级单芯结泵浦源,因而节省了备用件(例如灯和半导体阵列)、劳动力和停产时间。

光纤激光器不需要调整光学装置,可免维护或低维护。

3. 工作距离更长

光纤激光器结构紧凑、体积较小,易于系统集成。采用光纤传导,使用方便,环境适应能力强,工作距离更长,适用于远距离加工,且容易实现自动化和柔性加工。高功率光纤激光器的典型应用如图2-54所示。

光纤激光器的优点是:不受距离限制、光路柔和、能量控制方便,采用振镜方式,可以使用机器人配套,便于系统集成,可以采用多路分光。单端泵浦连续单模大功率全光纤激光器光路示意图如图2-55所示。

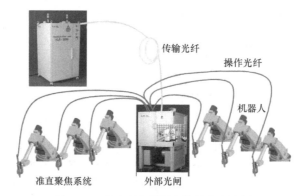

图2-54 高功率光纤激光器的典型应用

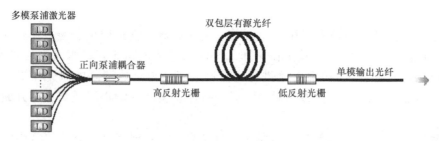

图2-55 单端泵浦连续单模大功率全光纤激光器光路示意图

光纤激光焊接机的分光特征如下:

(1)时间分光 指在不同的时间将激光输出到指定光路,同一时间只有一个激光头出光。时间分光如图2-56a所示。

1)如果A路出光,那么B、C路无法出光。

2)如果B出光,那么A光闸需要打开,C路无法出光。

3)如果C路出光,那么A、B光闸都需要打开。

（2）能量分光　指在相同的时间将激光输出到多个激光头，实现同时焊接。典型的三路能量分光如图 2-56b 所示。

1）如果采用 A、B、C 三路出光，启用三路反射镜片，A、B、C 三路出光能量都是 33.3%。

2）如果采用 B、C 两路出光，则关闭 A 路 33.3% 反射镜片，B、C 两路出光能量都是 50%。

3）如果采用 C 路出光，则关闭 A 路 33.3% 反射镜片和 B 路 50% 反射镜片，C 路出光能量都是 100%。

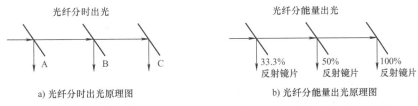

图 2-56　光纤分时和分能量出光原理图

2.3.6　激光焊设备的选用

在选择或购买激光焊设备时，应根据结构工件的尺寸、形状、材质和设备的特点、技术指标、适用范围以及经济效益等方面综合考虑。部分国产小功率激光焊设备的主要技术参数见表 2-9。

表 2-9　部分国产小功率激光焊设备的主要技术参数

型号	NJH-30	JKg	DH-WM01	GD-10-1
名称	钕玻璃脉冲激光焊机	钕玻璃数控脉冲激光焊机	全自动电池壳 YAG 激光焊机	红宝石激光点焊机
激光波长 /μm	1.06	1.06	1.06	0.69
最大输出能量 / J	130	97	40	13
重复率	1～5Hz	1～30Hz（额定输出时）	1～100Hz（分7挡）	1～30Hz
脉冲宽度 /ms	0.5（最大输出时）6（额定输出时）	2～8	0.3～10（分7挡）	6（最大）
激光工作物质尺寸 /mm	—	$\phi 12 \times 350$	—	$\phi 12 \times 165$
用途	点焊、打孔	用于细线材、薄板对接焊、搭接焊和叠焊，焊接熔深可达1mm	焊接电池壳。双重工作台，焊接过程全部自动化	点焊和打孔。适用板厚小于 0.4mm，线材直径小于 0.6mm

微型件、精密件的焊接可选用小功率激光焊机，中厚件的焊接应选用功率较大的激光焊机。点焊可选用脉冲激光焊机，要获得连续焊缝则应选用连续激光焊机或高频脉冲连续激光焊机。快速轴流式 CO_2 激光焊机的运行成本比较高（因消耗 He 多），选择时应仔细综合考虑。此外，还应注意激光焊机是否具有监控、保护等功能。

小功率脉冲激光焊机适合于直径 0.5mm 以下金属丝之间、丝与板（或薄膜）之间的点焊，特别是微米级细丝、箔膜的点焊。脉冲能量和脉冲宽度是决定脉冲激光点焊熔深和焊点强度的关键因素。

连续激光焊机特别是高功率连续激光焊机大多都是光纤激光焊接机，可用于形成连续焊缝以及厚板的深熔焊。

2.4 激光焊安全与防护

2.4.1 激光对人体的危害

焊接和切割中所用激光器输出功率或能量非常高，对于脉冲激光可以达到数焦耳至数百焦耳。激光辐射人的眼睛或皮肤时，如果超过了人体的最大允许照射量 MPE（maxlmumperissible ex-posure）时，就会导致组织损伤。损伤的效应有三种：热效应、光压效应和光化学效应。

最大允许照射量与波长、脉宽、照射时间等有关，而主要的损伤机理与照射时间有关。照射时间为纳秒和亚纳秒时，主要是光压效应；照射时间为100ms至几秒时，主要为热效应；照射时间超过100s时，主要为光化学效应。过量光照引起的病理效应见表2-10。

表2-10 过量光照引起的病理效应

光谱范围		眼睛	皮肤	
紫外光	180～280nm	光致角膜炎	红斑、色素沉着	
	200～315nm	光致角膜炎	加速皮肤老化过程	
	315～400nm	光化学反应	皮肤灼伤	光敏感作用、暗色
可见光	400～780nm	光化学和热效应所致的视网膜损伤	—	—
红外光	780～1400nm	白内障、视网膜灼伤	—	—
	1.4～3.0μm	白内障、水分蒸发、角膜灼伤	—	—
	3.0μm～1mm	角膜灼伤		

1. 对眼睛的危害

当眼睛受到过量照射时，视网膜会烧伤，引起视力下降，甚至会烧坏色素上皮和邻近的光感视杆细胞和视锥细胞，导致视力丧失。

我国激光从业人员的损伤率超过千分之一，其中有的基本丧失视力，所以对眼睛的防护要特别关注。

2. 对皮肤的危害

当脉冲激光的能量密度接近几焦耳每平方厘米或连续激光的功率密度达到 $0.5W/cm^2$ 时，皮肤就可能遭到严重的损伤。

可见光波段（400～780nm）和红外光波段激光的辐射会使皮肤出现红斑，进而发展为水泡；极短脉冲、高峰值功率激光辐射会使皮肤表面炭化；对紫外光波段激光的危害和累积效应虽然缺少充分研究，但仍不可掉以轻心。

3. 火灾

激光束直接照射或强反射会引起可燃物的燃烧导致火灾。

4. 电击

激光器中还存在着数千伏至数万伏的高压,存在着电击的危险。

5. 有害气体

激光焊时,材料受激烈加热而蒸发、气化,产生各种有毒的金属烟尘,高功率激光加热时形成的等离子体会产生臭氧,对人体有一定损害。

2.4.2 激光的安全防护及安全等级

1. 一般防护

1) 最有效的措施是将整个激光系统置于不透光的罩子中。

2) 对激光器装配防护罩或防护围封,防护罩用以防止人员接收的照射量超过 MPE,防护围封用以避免人员受到激光照射。

3) 工作场所的所有光路包括可能引起材料燃烧或二次辐射的区域都要封闭,尽量使激光光路明显高于人体身高。

4) 在激光加工设备上设置激光安全标志,激光器无论是在使用、维护或检修期间,标志必须永久固定。激光加工设备应有各种安全保护措施,在激光加工设备上应设有明显的危险警示标志和信号,如"激光危险""高压危险"等。

2. 人身防护

激光防护产品型号上的字母所代表的含义如图 2-57 所示。

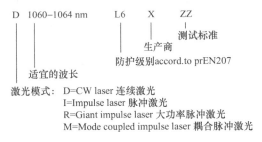

图 2-57 激光防护产品型号上的字母所代表的含义

例如:

DI:1060-1064nm	L8	RH	DIN S(连续激光)
R:1060-1064nm	L6	RH	DIN S
D:10600nm	L3	RH	DIN S
I:10600nm	L4	RH	DIN S

个人防护主要使用以下器材:

(1) 激光防护眼镜 其最重要的部分是滤光片(有时是滤光片组合件),它能有选择地衰减特定波长的激光,并尽可能透过非防护波段的可见辐射光。激光防护眼镜有普通眼镜型、防侧光型和半防侧光型等。激光防护眼镜如图 2-58 所示。

图 2-58　激光防护眼镜

（2）激光防护面罩　实际上是带有激光防护眼镜的面盔，主要用于防紫外激光。

包括手持式面罩、头戴式面罩、送风式面罩、头盔式面罩、安全帽面罩。激光防护面罩如图 2-59 所示。

图 2-59　激光防护面罩

（3）激光防护手套　工作人员的双手最易受到过量激光的照射，特别是高功率、高能量激光的意外照射对双手的危害很大，因此要戴激光防护手套予以保护。激光防护手套如图 2-60 所示。

（4）激光防护服　激光防护服由耐火及耐热材料制成。激光防护服如图 2-61 所示。

图 2-60　激光防护手套　　　　　　图 2-61　激光防护服

除此之外，只允许有经验的工作人员对激光器进行操作和进行激光加工；焊接区应配备有效的通风或排风装置。

3. 激光的安全等级

直接用眼睛看激光器的线束，会被无知觉地灼伤视网膜（不可逆转的）。激光对人体的损伤光谱如图 2-62 所示。

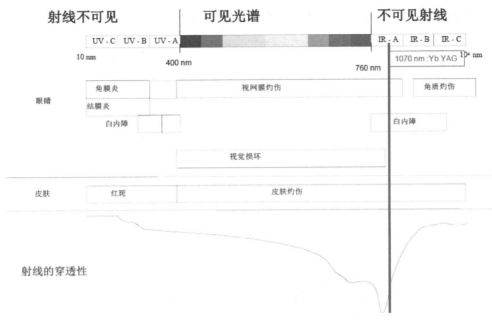

图 2-62 激光对人体的损伤光谱图

激光的防护安全等级见表 2-11。

表 2-11 激光的防护安全等级

序号	防护等级	内容	备注
1	Class 1	激光功率：小于 0.5mW，安全型激光，一级激光在正常使用条件下不会对人类的健康带来危害，但是这类产品仍需保证采用了防止工作人员在工作过程进入激光辐射区域的设计	例如 在 CD 或 DVD 播放器内
2	Class 2A	激光功率：1mW，该等级的激光有小功率、可见激光，人类凭借眼睛对强光眨眼反射便能保护自己，但直视时间过长会带来危险，二级激光要在激光器出光口部分张贴警告标志	例如激光指示器
3	Class 3A	激光功率：1mW 至 5mW，3A 级激光和二级一样，要在激光器出光口部分张贴警告标志。若只是短时间看到，人眼对光的保护反射会起到一定的保护作用，但是如果光斑聚焦时进入人眼，则会对人眼造成伤害	注视这种光束几秒钟会对视网膜造成立即的伤害
4	Class 3B	激光功率：5mW 至 500mW，如果直视或漫反射时可能会造成伤害。3B 级激光一般贴有"危险"标志，尽管它们对眼睛存在伤害，但是如果光斑不聚焦，引起火灾或烧伤皮肤的危险较小，但还是建议使用此等级激光时要佩戴护眼装置	暴露下会对眼睛造成立即的损伤
5	Class 4	激光功率：500mW 以上，这一级的激光对眼睛和皮肤都存在很大的伤害，直接反射、漫反射都会造成伤害。所有四级激光设备都必须带有"危险"标志。四级激光还能损坏激光附近的材料，引燃可燃性物质，使用该等级激光时也和 3B 级一样需要佩戴护眼装置	利用激光的热能，可以制造新型的烹饪工具

以上情况是指在激光直射眼睛的情况下所发生的。如果间接观察激光，任何 200mW 以下的激光的丁达尔效应[1]都不会对眼睛造成影响（注【1】：当一束光线透过胶体，从入射光的垂直方向可以观察到胶体里出现的一条光亮的"通路"，这种现象叫丁达尔现象，也叫丁达尔效应）。但需要注意：任何功率高到可以用来做切割和焊接用的激光器都会对处于光路中的操作人员造成伤害

激光焊设备铭牌上激光的主要技术参数如图 2-63 所示。

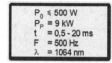

图 2-63　设备铭牌上激光的主要技术参数

注：P_0—激光（lasers）功率或脉冲激光（pulsed lasers）的平均功率；P_P——一个脉冲的功率；t—脉冲持续时间；F—脉冲频率；λ—波长。

4. 激光标识

激光的安全标识如图 2-64 所示。

a) 激光标识　　　　　b) 一级激光

图 2-64　激光的安全标识

 复习思考题

1. 简述激光焊接的原理。激光焊接工艺方法有哪些？
2. 连续激光焊的工艺参数有哪些？脉冲激光焊接参数有哪些？
3. 简述 CO_2 激光器的工作原理。它的分类有哪些？
4. 简述固体激光器 Nd：YAG 的工作原理。它的分类有哪些？
5. 简述光纤激光器的工作原理。相比 CO_2 激光器和固体激光器，它有哪些特点？
6. 激光对人体有哪些危害？应如何进行防护？

第 3 章

激光焊机器人系统及应用

3.1 激光焊设备使用安全注意事项

3.1.1 激光加工安全规定

1. 遵守相关安全规定

1) 劳动法规(劳动安全卫生规定、缺氧症等防止规定)所定场所,要充分换气,或使用空气呼吸器等。

2) 遵守法规(劳动安全卫生规定、粉尘危害防止规定)所定的局部排气装置,或使用呼吸防护器具。推荐使用防护性能高、带电动风扇的呼吸防护器具。

3) 在箱体、锅炉、船舱等底部,有比空气重的二氧化碳、氩气等气体沉积,务必充分换气,或使用空气呼吸器等。

4) 在狭窄区域焊接、切割作业时,务必充分换气或使用空气呼吸器,并由接受了培训的监督人员监督。

5) 在脱脂、洗净、喷雾作业附近,不能从事焊接、切割作业,因可能产生有害气体。

6) 焊接、切割涂层钢板时,会产生有害气体或烟尘。必须充分换气或使用呼吸防护器具。

2. 火灾、爆炸、破裂

1) 避免飞散的飞溅物与可燃物接触。要去除可燃物,或用阻燃材料遮盖可燃物。

2) 在可燃性气体附近,不焊接、切割。

3) 焊接、切割不久的热母材,不可接近可燃物。

4) 在天井、地面、墙壁等处焊接、切割时,要去除可燃物。

5) 电缆连接部位要切实拧紧、固定。

6) 不能焊接、切割内部带气体的气管、密封箱体、管子等。

7) 使用中的激光加工机器人系统附近配置灭火器,以备不时之需。

8) 激光加工装置及加工点附近,不使用易燃性物质(汽油、酒精、丙醇、稀释剂等)。

9) 在安全管理区域门上安装联锁开关,使门一旦被打开设备就停止运转,达到双重安全保证。

10) 激光光路设置要避开人眼高度。

11）确认相关法规。

3.1.2　激光焊设备安全作业规程

1. 激光束的安全防护

松下激光加工机器人系统，输出等级4的高功率激光，一旦使用错误，可能发生重大人身事故。

1）请佩戴波长合适的激光防护眼镜。为防止激光从眼睛周边侵入，请佩戴侧面防护型的眼镜。

2）不要直接看激光出口、路径。

3）输入侧动力源施工、场地选择、高压气体的使用保管及配管、焊接后工件的保管及废弃物处理等，请遵照法规及公司内规定。

4）不能用裸眼或光学器械直视加工点。

5）身体不要进入激光光路。

6）请使用激光不能或不易穿过的波长合适的材料围挡在激光加工机器人系统周围，张贴适当的警告标示。

7）在安全管理区域门上安装联锁开关，使门一旦被打开设备就停止运转，达到双重安全保证。

8）设置光束光路高度避开人员高度。

2. 激光加工使用时必须遵守的事项

1）不能用于冻结管解冻等焊接、切割以外的用途。

2）输入侧的动力源施工、设置场地选定、高压气体使用保管及配管、焊接后制造物的保管及废弃物处理等，要遵守法规及公司规定。

3）要将四周围起来，避免人员不经意间进入。

4）安装、保养检查、修理要由有资质的或深入理解激光加工系统的人员实施。

5）操作要由真正理解了使用说明书、具备确保安全使用知识和技能的人员实施。

3. 触电

接触带电部位，可能造成致命电击、烧伤等事故。

1）由具有资质的电工依据法规（电气设备技术基础）实施接地施工。

2）安装、保养、检查工作，要在切断所有电源5min以上后再实施。

3）不使用容量不够、破损、导体外露的电缆。

4）电缆连接部位要切实拧紧、固定。

5）外壳、盖子卸下状态下不使用。

6）不使用破损、潮湿手套。

7）高处作业时，使用救生索。

8）定期保养检查，损伤部位修理后再使用。

9）不使用时，切断发生器输入侧电源。

10）不接触带电部位。

4. 电磁伤害

1）动作中的激光加工机器人系统周围发生的电磁波可能对医疗设备造成不良影响。佩戴心脏起搏器、助听器等医疗器具的人员，未经医生许可，请不要靠近激光加工机器人系统的使用场地。

2）包括激光加工机器人系统周边的电子设备、安全装置等设备均需切实接地，必要时追加电磁遮挡设施。

3）激光加工机器人系统不能与其他设备共用接地。

4）激光加工机器人系统产生的逆变噪声，对外部机器（夹具程序装置、近接开关、区域传感器等）产生影响时，请参照外部机器使用说明书制定对策。

5. 排气设备和防护器具

在狭窄场地焊接、切割时，可能因氧气不足而窒息。吸入焊接、切割时产生的气体、烟尘，对健康有害。

1）法规（劳动安全卫生规定、缺氧症等防止规定）所定场所，要充分换气，或使用空气呼吸器等。

2）法规（劳动安全卫生规定、粉尘危害防止规定）所规定的局部排气装置，推荐使用防护性能高、带电动风扇的呼吸防护器具。

3）在箱体、锅炉、船舱等底部，有比空气重的二氧化碳、氩气等气体沉积，务必充分换气，或使用空气呼吸器等。

4）在狭窄区域焊接、切割作业时，务必充分换气或使用空气呼吸器，并由接受了培训的监督人员监督。

5）在脱脂、洗净、喷雾作业附近，不能从事焊接、切割作业，因可能产生有害气体。

6）焊接、切割涂层钢板时，会产生有害气体或烟尘。必须充分换气或使用呼吸防护器具。

6. 火灾、爆炸、破裂

1）避免飞散的飞溅物与可燃物接触。要去除可燃物，或用阻燃材料遮盖可燃物。

2）在可燃性气体附近，不焊接、切割。

3）焊接、切割不久的热母材，不可接近可燃物。

4）在天井、地面、墙壁等处焊接、切割时，要去除可燃物。

5）电缆连接部位要切实拧紧、固定。

6）不能焊接、切割内部带气体的气管、密封箱体、管子等。

7）使用中的激光加工机器人系统附近配置灭火器，以备不时之需。

8）激光加工装置及加工点附近，不使用易燃性物质（汽油、酒精、丙醇、稀释剂等）。

9）加工可燃物（木材、纸、树脂、橡胶等）时，要对工件或残留物充分研讨、监视，避免起火蔓延。

7. 保护器具

1）焊接、切割场地周围要设置防护幕进行遮挡，避免光伤害人眼。

2）监视焊接、切割时，要佩戴充分遮光的防护眼镜或防护面具。

3）要使用焊接用皮质保护手套、长袖服装、脚套、皮围裙等保护器具。

4）噪声大时，依照相应法规佩戴防护器具（耳塞、耳罩等）。

8. 注意灼伤

即便佩戴防护手套，也不能触摸焊接、切割不久的热母材。

9. 气瓶、气体流量调节器

1）遵照法规要求使用气瓶。

2）使用附属或推荐的气体调节器。

3）使用前阅读气体流量调节器使用说明书，遵守注意事项。

4）气瓶固定于专用的气瓶支架上。

5）气瓶不能高温暴晒。

6）打开气瓶阀门时，脸不能接近气瓶口。

7）不使用气瓶时，务必安装保护盖。

8）气体调节器的分解、修理，由具备专业知识的人员实施，非指定的专业人员绝对不可分解、修理。

10. 重物取放

1）由具有操作资质的人依法（劳动安全卫生法）操作。

2）移动时与生产企业商量后，按照相关说明书中介绍的方法移动。

3）穿着安全鞋。

4）移动时不要靠近、不要进入设备下方区域。

5）搬运中，不横向支撑。

6）天车吊装时，务必使绑在4个吊环上的钢丝绳等长。

7）激光发生器的吊角在90°以下。

8）不使用规格不同的吊环。

9）紧固吊环，在确认无松动后再吊装（紧固力矩：60N·m±6N·m）。

10）面板切实装好，在确认不会落下的状态下移动。

11）叉车要在带木包装状态下搬运。

11. 禁止分解设备

1）设备维修请与设备生产企业售后技术服务部门商议解决。

2）内部检查，安装、拆卸部件时，请遵照设备生产企业相关规定实施。

12. 注意设备旋转部件

1）手、头发、衣服等不能靠近转动中的冷却风扇，否则，可能被缠绕、卷入。

2）设备未装外壳、盖子时，不能使用。

3）因保养检查、修理等需要卸下外壳、盖子时，要由具有专业资质的人员实施，周围用隔断隔开，杜绝无关人员进入。

13. 绝缘老化

1）为防止飞溅物、铁粉等进入设备内部，请在远离设备处使用。

2）为防止粉尘堆积造成绝缘恶化，要定期清洁内部。

3）飞溅物、铁粉进入时，在切断电源开关和配电柜开关后，使用干燥空气吹净等方法清洁。

4）为防止粉尘进入，不能在卸下螺钉（包括吊环）、外壳的状态下使用。

14. 紧急停机、激光暂停、遥控联锁的解除

在解除紧急停机、激光暂停、遥控联锁前，请确认作业者安全。不可用激光直接照射人体，以免造成人身事故。

15. 接地保护

接地激光器请实施 D 种单独接地。否则，故障、漏电时可能导致触电。

3.1.3 激光焊设备操作流程

激光焊设备在操作中须严格遵守安全规定，防止发生危险。激光焊设备操作流程如图 3-1 所示。

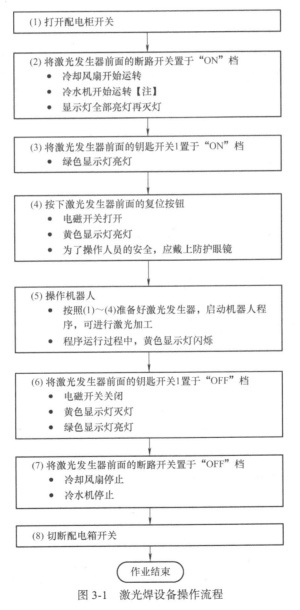

图 3-1　激光焊设备操作流程

冷水机开始运转时，如果冷却水温度超过设定范围，红色显示灯亮灯。此时，等待冷却水温度降到设定范围内，再按下激光发生器装置前面的复位键，启动激光。

3.1.4 激光焊系统故障处理与设备维护

1. 紧急停机/站门紧急停机

紧急停机/站门紧急停机动态过程如图3-2所示。

2. 激光暂停

激光暂停动态过程如图3-3所示。

3.1.5 异常显示功能

设备有异常时，异常显示灯有自动亮灯或闪烁的功能。表3-1列出了异常显示灯（三色灯的"红色"灯或前面板"红色"灯）的状态及其原因，报错代码和显示信息详情显示在控制激光器的机器人示教器上，其内容和处置方法请参照激光器的使用说明书。

指示灯状态及原因见表3-1。

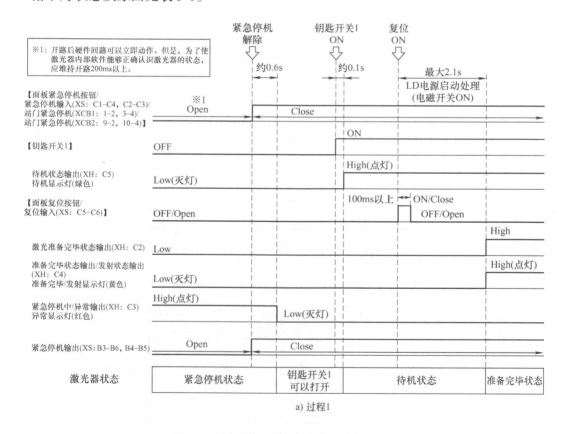

图3-2 紧急停机/站门紧急停机动态过程

第3章 激光焊机器人系统及应用

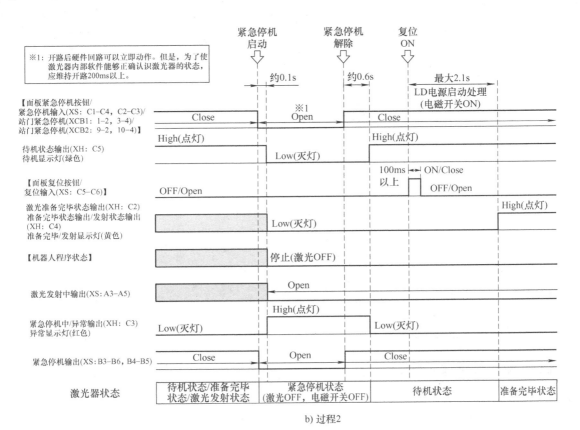

b) 过程2

图 3-2 紧急停机 / 站门紧急停机动态过程（续）

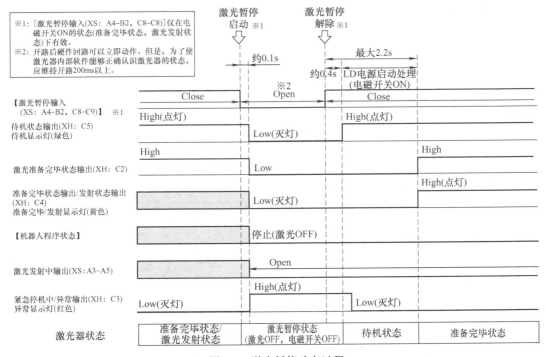

图 3-3 激光暂停动态过程

表 3-1 指示灯状态及原因

指示灯状态	原因
红色灭灯	激光器处于正常状态
红色亮灯	1. 一次输入电源异常 2. 控制系统初始化及通信异常 3. 激光驱动电源异常 4. 除湿机异常 5. 激光发生器异常 6. 冷水机异常 7. 冷却系统流量异常 8. 紧急停机中 9. 激光暂停中
红色闪烁	1. 控制电源异常 2. 安全回路异常 3. 熔体熔断 4. 光纤断线 5. 指示灯异常 6. 光束开关异常 7. 瞬时停电 8. 内部漏水

3.1.6 设备维护保养前的安全措施

为避免发生事故和损伤，维护保养前请执行以下安全措施：

1）为防止电源回路、信号从非正常路径串入，请切断所连接机器所有的电源。

2）切断断路器后放置 5min 以上，放掉电容内的电。

3）断路器上锁、张贴"禁止合闸"等警告标志，以避免无关人员合闸。电源开通前设备检查要点、处理及注意事项见表 3-2。

表 3-2 电源开通前设备检查要点、处理及注意事项

部位	检查要点	处理、注意事项
电源电缆	1. 表皮有无磨损、损伤、裸露？ 2. 电源输入端子台、配电柜断路器次级端子的连接部位有无松动？	替换、拧紧
接地线	接地线连接部位有无松动、脱落？	1. 为防止漏电事故等必须检查 2. 拧紧、重新安装
前面板	1. 开关操作有无不当？ 2. 安装有无松动？	有不当处，进行内部检查、部件更换、拧紧等
光纤	安装有无松动？	消除松动
筐体	外观有无变色等发热痕迹？	如果与平时不同，进行内部检查
面板	面板安装有无间隙、松动？	为避免本体内部进入粉尘、灰尘，重新安装面板并拧紧
冷却水管	冷却水进出接口处有无漏水痕迹？	重新安装，拧紧等
风扇吸入口的过滤器	过滤器有无堵塞？	清洁、更换过滤器
冷却装置	维修后的冷水机过滤器 IN·OUT 接口处有无漏水痕迹	遵照企业规定实施

4）确认所有和紧急停机相关联的回路全部在安全侧。

5）确认紧急停机开关在身边，以保证能够即刻起动紧急停机。

6）激光器及控制系统要隔离、上锁，以保证进入激光安全管理区域内时，其他作业者不能进行操作。

7）确保有可紧急避难的安全领域。

8）事先目测确认有无异常征兆。

9）确认已完成破损修理和异常对应。

10）锁住自动运转机构。

11）切断外部信号。

12）使所有紧急停机功能处于切实可使用的状态。

13）遵守操作规程、注意警示标识和内容要求，发现损伤部件需迅速修理。无法彻底修复时，请更换新部件。

14）更换部件请使用原厂部件。

15）更换线路板（P板）时，为避免作业者带静电造成电子部件的损坏，必须采取以下措施：

① 佩戴接地手镯，或作业前手触已经接地的导体，消除静电。

② 更换作业前从防静电袋中取出电路板（P板），把旧电路板（P板）迅速放入防静电袋中保管。

③ 取放过程中避免破损。

3.2 激光焊机器人系统构成

以松下激光焊机器人设备为例，其系统包括激光发生器、激光头、机器人、水冷机等。激光焊机器人设备构成如图3-4所示。

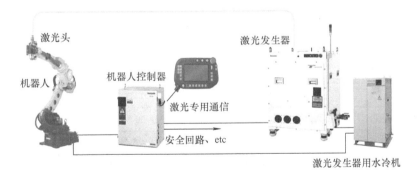

图 3-4 激光焊机器人设备构成

【参见教学资源包（一）5.LAPRISS 激光介绍 PPT】

3.2.1 机器人本体

根据工件的尺寸机器人本体可以选择不同的臂长，所有的气管、水管和控制线缆都走机器人里面（光纤除外），系统集成度高、简单整洁、干涉率小。现以松下激光机器人TM-1800型号为例，机器人本体技术参数见表3-3。

表 3-3　机器人本体技术参数

项目			参数
名称			TM1800
类型			标准型
结构			6轴独立多关节型
手腕可搬重量 /kg			6
动作领域		最大到达距离 /mm	1809
		最小到达距离 /mm	430
		前后动作范围 /mm	1379
动作速度	腕部	旋转（RT轴）/[（°）/s]	195
		上腕（UA轴）/[（°）/s]	197
		前腕（FA轴）/[（°）/s]	205
	手腕	RW/[（°）/s]	425
		BW/[（°）/s]	425
		TW/[（°）/s]	629
重复定位精度 /mm			±0.08 以内
电动机		总驱动功率 /W	4700
		制动式样	全轴带制动
本体重量 /kg			约 215

3.2.2　机器人控制器

TM-1800 型号机器人控制器技术参数见表 3-4。

表 3-4　机器人控制器技术参数

项目	参　数
名称	G3 系列
外形尺寸 /mm	553（W）×550（D）×681（H）
质量 /kg	60
冷却方式	间接风冷（内部循环方式）
存储容量	标准 40000 点（可无限扩容）
控制轴数	同时 6 轴（最多 27 轴）
位置控制方式	软件伺服控制
输入电源	三相 AC 200V±20V、3kVA、50Hz/60Hz 通用
输入输出信号	专用信号：输入 6/ 输出 8 通用信号：输入 40/ 输出 40 最大输入输出：输入 2048/ 输出 2048

3.2.3 激光头

1. 激光头的结构及各部位名称

激光头(又称激光扫描头)由透镜单元、光纤连接器(QBH)、伺服电动机、喷射喷嘴、保护玻璃等部件构成,如图3-5所示。

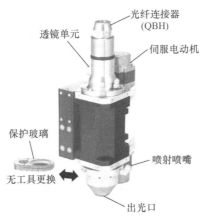

图3-5 激光头构成

2. 激光头的技术参数

激光头的技术参数见表3-5。

3. 激光头的图形功能

激光头内装2台伺服电动机,能够在激光头不动的情况下,在ϕ16mm的圆内画出(焊接)九种图形,如图3-6所示。

表3-5 激光头的技术参数

项目和单位		激光头
工作距离(焦点到喷嘴端)	mm	280
光斑直径	mm	0.7
扫描直径	mm	16
最大旋转频率	Hz	40
防护玻璃直径	mm	30
压缩空气压力	MPa	0.4
气体流量	L/min	180
重量	kg	4.5

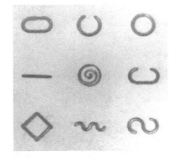

图3-6 激光头所画九种图形

【参见教学资源包(三)1.激光焊机器人九种图案焊接视频】

4. 激光头的特点

（1）长焦距　焦距为280mm，可以避免工件的干涉。

（2）重量轻　大功率激光扫描头重量为4.5kg。

（3）使用成本低　保护玻璃规格ϕ30mm，可以快速替换（抽拉式，可无工具替换）。

（4）易耗品更换。

（5）保护镜片更换简单。

1）保护镜片作为易耗品，更换简单，可实现无工具更换。

2）保护镜片尺寸较小（ϕ30mm）。

3）保护镜片价格便宜，更换成本低。

5. 光导和聚焦系统

（1）光导聚焦系统　光导聚焦系统实现激光的传送、方向和焦点控制。光学镜片的状态对焊接质量有着非常重要的影响，因此，要对光学镜片进行定期维护。激光头电源SW开关所在位置如图3-7所示。

（2）焦点位置的确定　示教红光和示教辅助红光相互配合，应用三角形原理，可以方便地确定焦点位置，使编程示教简单易学（图3-8）。辅助红光有助于寻找焦点位置，不用高度尺去测量，示教人员示教更方便。辅助红光寻找焦点位置示意如图3-9所示。

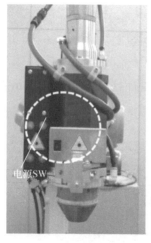

图3-7　激光头电源SW开关所在位置

图3-8　激光头示教辅助红光与示教红光

a）负离焦状态

b）焦点位置

c）正离焦状态

图3-9　辅助红光寻找焦点位置示意

3.2.4 激光发生器

1. 激光发生器面板控制按钮及指示灯

激光发生器各部位名称如图 3-10 所示。

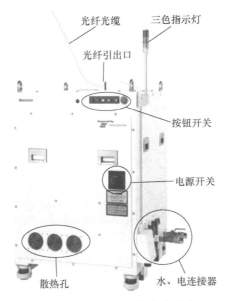

图 3-10　激光发生器各部位名称

激光发生器面板控制按钮及指示灯状态名称如图 3-11 所示。

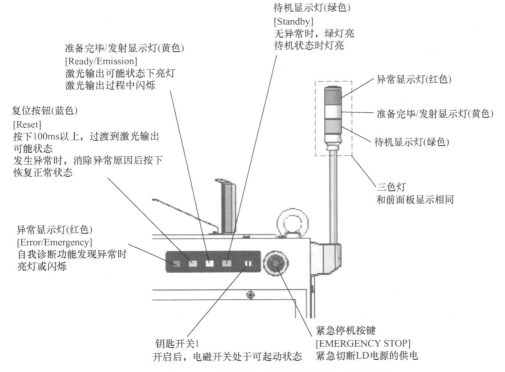

图 3-11　激光发生器面板控制按钮及指示灯状态名称

激光发生器底部连接器位置名称如图3-12所示。

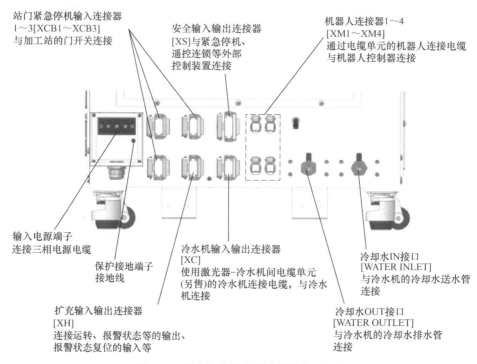

图3-12 激光发生器底部连接器位置名称

激光发生器顶部光纤引出口位置如图3-13所示。

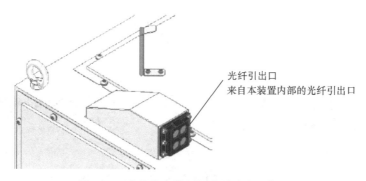

图3-13 激光发生器顶部光纤引出口位置

激光发生器规格见表3-6。

表3-6 激光发生器规格

项目	参　数
型号	YL-G40AA1
方式	直接半导体激光
构造	激光器、电源一体型
冷却方式	水冷

(续)

项目	参数
额定输入电压/V	AC 200 I20
额定输入/kW	18
输入频率/Hz	50/60（共用：不需切换）
相数	三相
最大输入/kW	23.0k
额定输出/kW	4.0（等级4）
输出范围/kW	0.1～4.2
功率可调范围（%）	2.5～100
中心波长/nm	976
电光转换效率（%）	35
BPP（光束参数积）	5.0mm·mrad（1/e^2）（最大）
输出稳定性（%）	±2（最大）
脉冲频率/Hz	≥50
导向光/nm	波长600～680nm，最大0.9mW（安全等级2M）
使用光纤直径/μm	≥100
光纤连接器	QBH互换形式
外形尺寸/nm	900×1000×1315（除去突起部分）
质量/kg	400（光束开关2通道）
使用环境温度、湿度	5～40℃ 40℃时50%RH以下、20℃时湿度90%RH以下（不结露）
保管环境温度/℃	−20～60 （不能结露。本装置中要无水）
使用环境	限定为室内使用

2. 工作状态显示灯

显示灯通过各色灯的亮灯或闪烁显示激光器状态。出于安全上的考虑，输出激光时，必须采取以下安全对策：

（1）绿色亮灯　待机状态→钥匙开关ON，电磁开关起动待机中。

（2）黄色亮灯　准备完毕状态→电磁开关ON，给激光驱动电源供电中可能闪烁→激光发射中/机器人程序实施中，或激光发射中（发射）机器人程序实行前到激光发射结束，要佩戴适合的保护器具，退到激光安全管理区域外，或采取其他安全对策。当黄色显示灯亮灯，遥控联锁起动时也不能输出激光。

（3）红色亮灯　紧急停机/激光暂停/激光错误状态→发生器紧急停机中、激光暂停中，或错误中（不闪烁）→激光报警状态→激光器发生严重故障。

激光发生器工作状态显示灯亮灯情况及安全对策见表3-7。

表 3-7 激光发生器工作状态显示灯亮灯情况及安全对策

显示灯	状态	激光器状态	激光输出	必需的安全对策
绿色	亮灯	1. 待机状态 2. 钥匙开关 ON，电磁开关起动待机中	不可能	
黄色	亮灯	1. 准备完毕状态（注1） 2. 电磁开关 ON，给 LD 电源供电中	可能	
	闪烁	发射中状态（注2）	可能或者激光发射中	机器人程序执行前到激光发射结束，请佩戴与所用激光波长匹配的激光保护眼镜，退到激光安全管理区域外，或采用其他安全对策
红色	亮灯	1. 紧急停机/激光暂停/激光错误状态 2. 激光器紧急停机，激光暂停或错误	不可能	
	闪烁	1. 激光报警状态 2. 激光器发生严重错误	不可能	

注：1. 即便黄色显示灯亮灯，遥控连锁起动时也不能输出激光。详细内容请参照控制信号动作的时序图。
2. 当满足以下条件时，本装置过渡到发射中状态。
   a. 电磁开关 ON。
   b. 机器人程序在执行。

3. 传输光纤

光纤激光焊机的聚焦示意如图 3-14 所示。

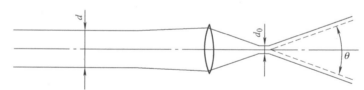

图 3-14 光纤激光焊机的聚焦示意

注：d—光束直径；d_0—光腰直径；θ—发散度单位：mm×mrad。

【BPP（光束参数积）光腰径与光束发散角的积除以4，衡量光束品质，该值越低光束品质越好】

高功率光纤激光器的传输光纤应用如图 3-15 所示。

激光传输光纤的内部结构及原理如图 3-16 所示。光路最大功率损失约 8%。

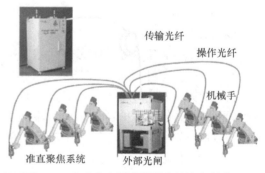

图 3-15 高功率光纤激光器的传输光纤应用

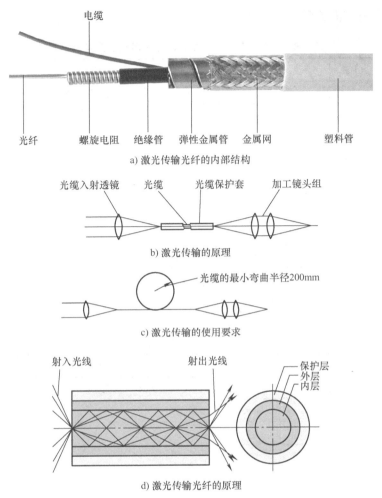

图 3-16 激光传输光纤的内部结构及原理

3.2.5 激光焊冷却系统

1. 激光发生器用冷机和激光头用冷机

机器人激光焊冷却系统分为：激光发生器用冷机和激光头用冷机，如图 3-17 所示。

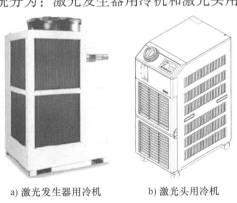

a) 激光发生器用冷机　　b) 激光头用冷机

图 3-17 激光发生器用冷机和激光头用冷机

激光发生器用冷机和激光头用冷机型号规格见表3-8。

表3-8 激光发生器用冷机和激光头用冷机型号规格

项目	单位	规格		备注
名称	台	激光发生器用冷机	激光头用冷机	
型号		HRSH150-A-20	HRS012-A-20-MT	
电源	V	AC 200（50Hz） AC 200～230（60Hz） 变动允许范围±10%	AC 200～230（50 Hz/60Hz） 变动允许范围±10%	
相数		3相	单相	
额定电源容量	kVA	6.0	1.0	
外形尺寸	mm	1420×715×954	615×500×377	高×长×宽
质量	kg	215	40	

2. 冷却水

冷机使用的冷却水须满足下述冷却系统要求，见表3-9。

表3-9 冷却系统冷却水要求

项目	条件	备注
冷却能力/kW	≥15	
冷却水	离子交换水（蒸馏水也可）	
电导率/（μS/cm）	4～20	离子交换过滤器
粒子直径/（μm）	100	微粒过滤器
流量/（L/min）	51～86	
水压/MPa	5.4	
水温/℃	19	冷机控制精度18～20以内

3.2.6 激光焊设备使用环境

激光焊设备使用须满足下述条件的场地要求：

1. 室内安装场地环境

1）避免阳光直射、水滴、雨淋等。
2）可承受本产品重量。
3）环境温度：5℃～40℃。

2. 环境温度和湿度要求

1）环境温度40℃时≤50%RH。
2）环境温度20℃时≤90%RH。

3. 不能靠近辐射源

1）不靠近大型的电气噪声源。

2）不传导大的冲击或振动。

4. 无易燃物或腐蚀性气体

1）不接触焊接飞溅。

2）非焊接、切割作业产生的粉尘、酸、腐蚀性气体等物质极少；湿气、粉尘、油烟少。

5. 维修作业容易

设置面倾角≤10°。

6. 海拔

≤1000m。

7. 设备进气口无金属物及可燃性异物等侵入内部。

3.2.7 激光焊辅助功能模块

1. 激光专用示教软件

松下的激光焊设备不需要额外的计算机控制，它可以通过机器人示教器对其进行编程示教，不论是激光功率的设置还是分光光路的选择都可以，由此可以避免误操作或误响应。

（1）焊接模式选定　使用专门的激光示教软件，编程简单易学。系统内有九种图案可供选择，选定焊接模式只需输入光斑参数即可。下面介绍几种焊接模式选择的设定界面及焊接参数。

1）螺旋形光标设定界面及参数如图3-18所示。

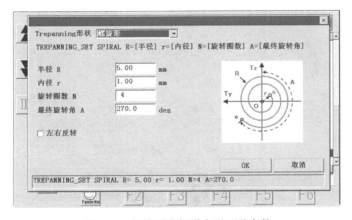

图3-18　螺旋形光标设定界面及参数

螺旋2光标设定界面及参数如图3-19所示。

2）波纹形光标设定界面及参数如图3-20所示。

3）S形光标设定界面及参数如图3-21所示。

4）直线形光标设定界面及参数如图3-22所示。

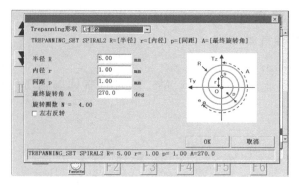

图 3-19　螺旋 2 光标设定界面及参数

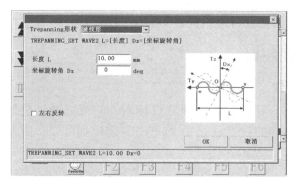

图 3-20　波纹形光标设定界面及参数

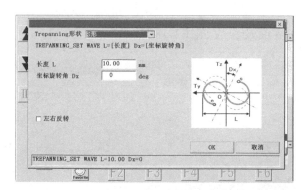

图 3-21　S 形光标设定界面及参数

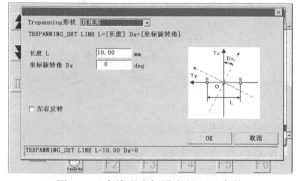

图 3-22　直线形光标设定界面及参数

5）长圆形光标设定界面及参数如图 3-23 所示。

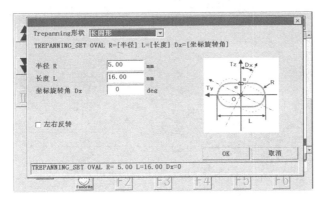

图 3-23　长圆形光标设定界面及参数

6）开口圆形光标设定界面及参数如图 3-24 所示。

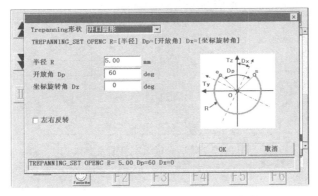

图 3-24　开口圆形光标设定界面及参数

7）圆形光标设定界面及参数如图 3-25 所示。

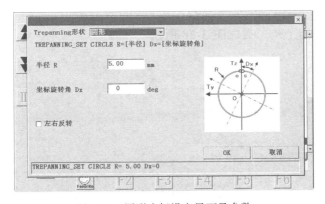

图 3-25　圆形光标设定界面及参数

8）开口长圆形光标设定界面及参数如图 3-26 所示。
9）菱形光标设定界面及参数如图 3-27 所示。

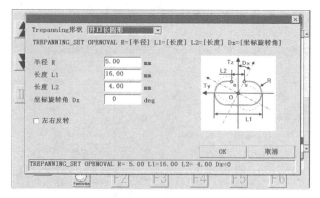

图 3-26 开口长圆形光标设定界面及参数

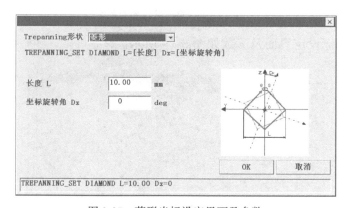

图 3-27 菱形光标设定界面及参数

（2）专家导航功能

1）简单编程。选择焊接模式，只需输入功率、速度等参数即可。

2）激光施工支持软件。输入板厚、接头形式即可显示推荐焊接条件的"激光数据导航"界面，输入材质、板厚、接头形式，系统自动给出适合的焊接参数，示教人员只需微调即可。下面介绍机器人信息界面及参数显示界面。

① 机器人信息界面 1 及参数如图 3-28 所示。

图 3-28 机器人信息界面 1 及参数

② 机器人信息界面 2 及参数如图 3-29 所示。

图 3-29　机器人信息界面 2 及参数

③ 机器人信息界面 3 及参数如图 3-30 所示。

图 3-30　机器人信息界面 3 及参数

④ 机器人信息界面 4 及参数如图 3-31 所示。

图 3-31　机器人信息界面 4 及参数

⑤ 激光施工支持软件根据输入的材质、板厚、接头形式，系统自动会给出适合的焊接参数，低碳钢搭接焊缝的推荐参数如图 3-32 所示。

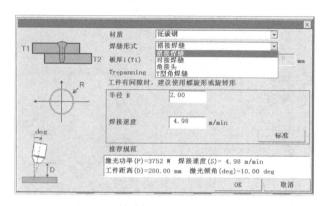

图 3-32 低碳钢搭接焊缝的推荐参数

⑥ 激光施工支持软件根据输入的材质、板厚、接头形式给出的不锈钢搭接焊缝的推荐参数如图 3-33 所示。

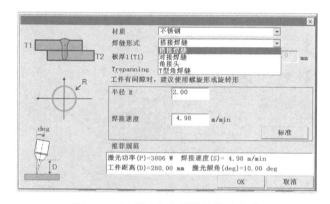

图 3-33 不锈钢搭接焊缝的推荐参数

3）螺旋工艺方法点焊，增加间隙适应性。通常要求碳钢搭接接头间隙在 0.3mm 以内，以解决间隙及工件精度矛盾带来的焊接困难问题。

2. 激光输出监视器

示教器可显示、记录和跟踪激光输出与照射位置，早期发现系统异常，如图 3-34 所示。

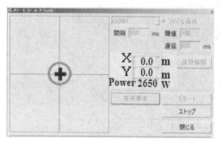

a）激光输出正常

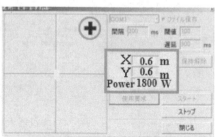

b）激光输出功率低、位置偏离

图 3-34 激光输出监视器

自动记录激光输出与照射位置日志，可捕捉到发生异常时的预兆，在异常发生时可做事后分析。

3.3 激光焊工艺

激光焊的五大要素包括激光发生器、激光头、机器人、软件、焊接工艺，反映了激光系统的整体应用能力。

松下LAPRISS激光头，采用内置伺服电动机驱动光学镜片（图3-35中平行平板），可在机器人不动的情况下，通过光学镜片的旋转，实现光束沿复杂轨迹运动，进行螺旋焊接。激光头构造模式图及激光移动原理如图3-35、图3-36所示。

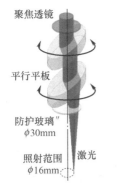

图3-35 激光头构造模式图

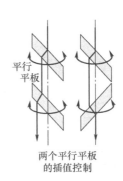

图3-36 激光移动原理

由此衍生出另外两种焊接工艺方法，即螺旋摆动工艺方法和螺旋工艺方法（光斑扫描模式），见表3-10。

表3-10 激光光斑扫描模式

扫描模式	工作状态与功能	激光照射轨迹	移动机构
直线	在激光照射的同时，使机器人动作，可以对工件进行与机器人轨迹相同的激光照射		仅机器人
光斑扫描	能够按照指定的模式形状进行激光照射。能在总共9种模式中进行选择		仅激光头
螺旋	在激光以一定直径和频率进行圆形照射的同时，使机器人动作，可以对工件进行螺旋状的激光照射		机器人+激光头

3.3.1 螺旋摆动工艺方法

螺旋摆动工艺方法及特点

螺旋摆动工艺方法是松下激光头独特的光学结构，可以使光束在机器人向前运动的同时进行画圆运动，由于其运动轨迹呈螺旋形，故而将该工艺方法命名为螺旋摆动工艺方法。螺旋摆动工艺方法如图3-37所示，其特点如下：

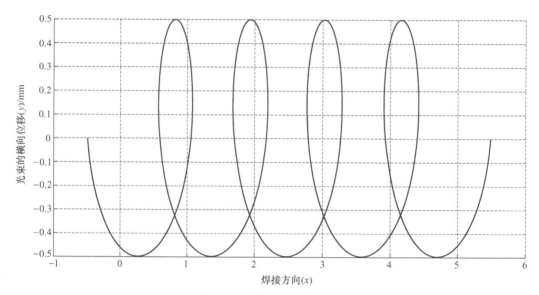

图3-37 螺旋摆动工艺方法

（1）增加熔宽 由于激光的光斑较小，附加旋转运动后，相当于增大了光斑尺寸，进而增加了熔宽，激光束指向偏离（X为偏离量）容许范围加大，如图3-38所示。

以碳钢搭接接头为例，当激光束错开焦点位置时，激光功率密度变低，熔深变浅，采用螺旋摆动工艺方法熔焊，可以增加间隙适应性和熔宽。普通直线激光和螺旋摆动激光工艺方法的穿透焊接效果比较见表3-11。

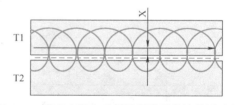

图3-38 激光束指向偏离及螺旋形焊接范围示意

表3-11 普通直线激光和螺旋摆动激光工艺的穿透焊接效果比较

普通直线激光	螺旋摆动激光工艺

（续）

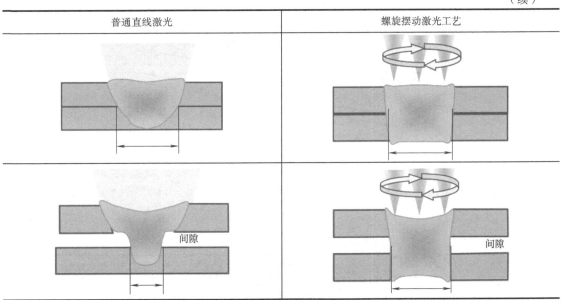

使用螺旋摆动激光工艺方法对应表3-12所列接头形式时具有明显优势。

表3-12　旋转激光工艺方法的穿透焊接效果

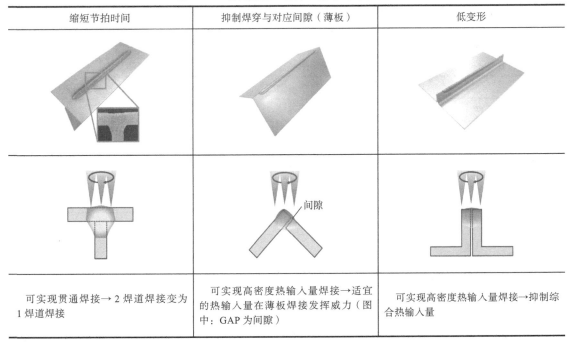

（2）增加间隙适应性　由于光束在前进的同时有一个附加旋转运动，因此，能够在增加熔宽的同时提高间隙的适应性。

使用螺旋摆动工艺方法进行焊接，激光指向偏离容许范围扩大。螺旋摆动工艺方法进行焊接示意如图3-39所示。

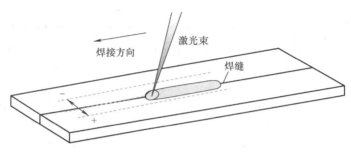

图 3-39 螺旋摆动工艺方法进行焊接示意

以 0.8mm 厚碳钢对接试板为例,相同焊接条件下(见表 3-13),经测试,采用直线激光和螺旋摆动激光针对 0.2mm 的间隙进行焊接时,焊接条件和指向偏离容许范围见表 3-14。

表 3-13 焊接条件

	直线激光	螺旋摆动激光
板厚 /mm	0.8	0.8
焊接速度 /(m/min)	2.5	5
激光输出 /kW	1.25	1.25
半径 /mm	—	0.5
间距 /mm	—	1.5

表 3-14 指向偏离容许范围

指向位置 /mm	直线(激光)	旋转(激光)
+0.7	—	×
+0.6	—	○
+0.5	—	○
+0.4	—	○
+0.3	—	○
+0.2	—	○
+0.1	×	○
±0	○	○
−0.1	○	○
−0.2	×	○
−0.3	×	○
−0.4	×	×
容许范围 /mm	0.1	0.9

注:○表示焊接结果无缺陷。×表示焊接结果有缺陷。—表示无法焊接。

无自旋焊接与螺旋摆动激光焊接工艺方法焊接质量对比如图3-40所示。

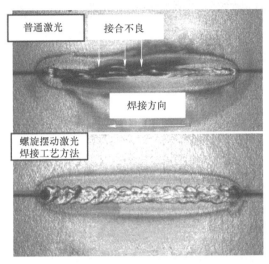

图3-40　无自旋焊接与螺旋摆动激光焊接工艺方法焊接质量对比

螺旋摆动激光焊接工艺方法的指向偏离容许范围为普通直线激光焊接工法的9倍。

（3）减少焊缝缺陷　由于光束的附加运动，能够增加小孔*的稳定性，进而能够减少气孔。此外由于螺旋摆动激光焊接工艺方法的边界不同于正常激光焊的边界，有利于抑制裂纹的扩展。(*小孔效应：当高功率密度激光束入射到金属表面时，材料被迅速加热，由于热传导作用，材料将发生熔化、蒸发。如果材料蒸发速度足够高，激光束将在金属中打出一个小孔，在小孔内，金属蒸气反冲压力与液态静压力、表面张力之间作用的动态平衡将维持小孔的存在。)

3.3.2　激光螺旋工艺方法

激光螺旋工艺方法是指利用松下激光头独特的光学结构，可以在机器人不动作的情况下，选择焊接模式。选择螺旋光标模式，然后输入关键尺寸，如图3-41所示。

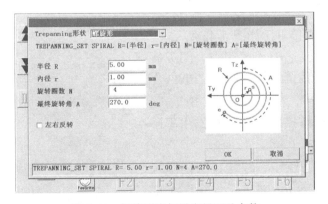

图3-41　螺旋形光标设定界面及参数

该激光螺旋焊接工艺的主要特点如下：

1. 针对碳钢搭接接头的间隙容许范围扩大

普通圆周焊工法下，间隙容许值≤0.3mm，间隙及工件精度控制困难。使用螺旋工法后，间隙容许扩大到≤0.5mm。

以碳钢板搭接接头为例，相同焊接条件下，对应不同间隙的焊接结果，见表3-15、表3-16。

表3-15 焊接条件

项目	圆周	螺旋
板厚/mm	0.8	0.8
焊接速度/(m/min)	3.0	5.0
激光输出/kW	2.75	2.75
内侧外径/mm	—	0.25
外侧半径/mm	1.8	2.0
圈数	—	2.0

表3-16 焊接结果

间隙/mm	圆周	螺旋
无	○	○
0.1	○	○
0.2	○	○
0.3	○	○
0.4	×	○
0.5	×	○
0.6	×	×
容许范围/mm	0.3	0.5

注：○—表示焊接结果无缺陷。×—表示焊接结果有缺陷。

同心圆状的自旋焊接对比如图3-42所示。

在螺旋工艺方法及热输入控制下，间隙容许范围得以扩大，是传统圆周焊接工艺的间隙容许范围的1.6倍。

2. 针对镀锌钢板搭接接头的气孔发生率降低、间隙容许范围扩大

普通圆周焊工艺方法下，搭接接头间隙尺寸需要满足0.1～0.2mm，如果工件精度不能满足间隙条件，将出现气孔或烧穿现象，如下所述：

1) 无间隙（0mm）：无烧穿、有气孔。

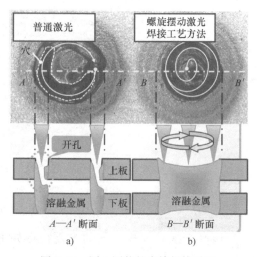

图3-42 同心圆状的自旋焊接对比

2)有间隙(0.4mm):无气孔、烧穿。

螺旋螺旋摆动激光焊接工艺方法+热输入控制,通过首次的贯通焊接将锌蒸气顺利排出,无间隙条件下也可做到无气孔,如图3-43所示。

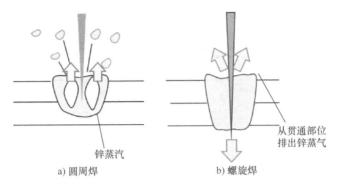

a)圆周焊　　b)螺旋焊

图3-43　圆周焊与螺旋焊试验对比效果示意

相同焊接条件下,圆周焊与螺旋焊结果对比见表3-17。

表3-17　相同焊接条件下的圆周焊与螺旋焊结果对比

项目	圆周焊	螺旋焊
板厚/mm	0.8	0.8
焊接速度/(m/min)	2.5	5
激光输出/kW	2.75	2.75
内侧半径/mm	—	0.25
外侧半径/mm	1.8	2
圈数	—	2

对应不同间隙,圆周焊与螺旋焊试验对比见表3-18。

表3-18　对应不同间隙的焊接试验对比

间隙/mm	圆周焊	螺旋焊
无	×	○
0.1	○	○
0.2	○	○
0.3	○	○
0.4	×	○
0.5	×	×
容许范围/mm	0.2	0.4

在应用螺旋工艺方法及热输入控制下,间隙容许范围得以扩大,是传统圆周焊接工艺的间隙容许范围的2倍。

3.3.3 电弧焊与激光焊工艺特点对比

以板厚 0.8mm 碳钢对接焊接头为例,以松下 AWP-MAG 弧焊工艺与松下 LAPRISS 激光焊接工艺比较结果,进行电弧焊和激光焊的特点对比。

电弧焊和激光焊的特点比较见表 3-19。

表 3-19 电弧焊和激光焊的特点比较

项目	焊接类型		比较
	AWP-MAG 焊接(电弧焊)	LAPRISS(激光焊)	
生产率 生产节拍	焊接速度:约 0.5m/min (0.8mm 厚低碳钢板,对接间隙 0.2mm)	焊接速度:2.0m/min (0.8mm 厚低碳钢板,对接间隙 0.2mm)	约 1.5~4 倍
运行费用	保护气、焊丝(例:30mm 长的焊缝花费 0.15 元) 使用 ϕ0.8mm 焊丝,混合气(Ar80%+$CO_2$20%),焊接参数 100A/13.5V,焊接速度 0.5m/min 电费:0.0014 元、焊丝:0.105 元、保护气 0.0436 元	不需要焊丝、保护气(压缩空气必要) (例 30mm 长的焊缝花费 0.0073 元) 使用激光螺旋工艺进行焊接,使用 3000W 功率,焊接速度 1.8m/min 的条件下,消耗电费 0.0022 日元(约合人民币 0.0001 元)、冷机消耗:0.0022 日元(约合人民币 0.0001 元),压缩空气 4s 消耗 0.029 日元(约合人民币 0.0014 元)	约 1/20 倍
变形	大变形 (例:管道变形量约 30mm/m)	小变形 (例:管道变形量约 10mm/m)	小变形
间隙度	位置偏差:高	位置偏差:低	设计变更需要(改为叠接接头形式)

3.3.4 激光焊机器人焊接工艺试验案例

松下 LAPRISS 激光焊设备具有以下优点:

1)高能量密度、高焊接速度可将入热量降到最低的需要量,热影响区金相变化范围小,且因热传导所致的变形最低。

2)不需使用电极,没有电极污染或受损的顾虑,且因不属于接触式焊接,机具的耗损及变形可降至最低。

3)激光束可聚焦在很小的区域,可焊接小型且间隔相近的部件。

4)不受磁场所影响(电弧焊接及电子束焊接则容易受磁场影响),能精确地对准焊件。

使用LAPRISS激光焊机器人设备可以焊接的金属材质如图3-44所示。

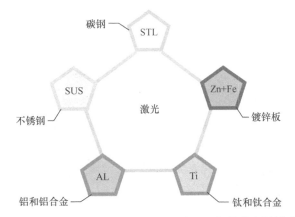

图3-44　LAPRISS激光焊机器人设备可以焊接的金属材质

1. 激光单面贯通焊接(点焊)试验

(1)单面贯通焊接　对于薄板搭接,激光焊可以实施单面贯通焊接来替代点焊,如图3-45所示。

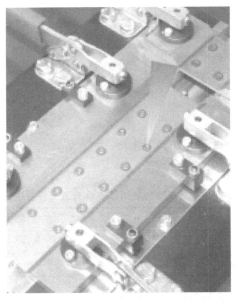

图3-45　激光单面贯通焊接

【参见教学资源包(三)2.机器人激光单面贯通焊接(点焊)视频】

与机器人点焊的动作相比,机器人激光焊(单面贯通焊接)的动作姿态更加简单,可缩短节拍时间，焊接质量好。不锈钢激光点焊，可以达到单面无痕效果，如图3-46所示。

a) 正面

b) 背面

图3-46 不锈钢激光点焊效果

（2）能够在狭小位置焊接

1）狭小处也可实现焊接，点焊与激光焊在狭小位置焊接对比如图3-47所示。

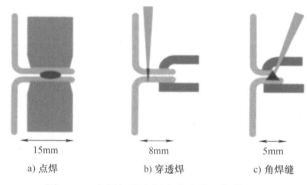

a) 点焊　　　　　b) 穿透焊　　　　　c) 角焊缝

图3-47 点焊与激光焊在狭小位置焊接对比

2）可实现自由的形状设计。

（3）无打点间距限制

1）无点焊时的分流。

2）增加打点数、可提高刚性。

3）无打点间隔限制。

点焊举例：碳钢板厚$t=0.8$mm、搭接接头、焊点直径$\phi 4$mm，点焊工作过程以及点焊与激光焊效率比较见表3-20。

表3-20 点焊工作过程以及点焊与激光焊效率比较

序号	点焊工作过程	时间/s	激光焊工作过程	时间/s
1	机器人动作	1.0	机器人动作	0.425
2	焊钳行程（夹紧）	0.5	激光扫描	0.25
3	加压保持	0.2		
4	通电	0.15		
5	焊钳行程（松开）	0.5		
6	焊接节拍	2.85	焊接节拍	0.675

点焊与激光焊比较后可以得出如下结论：
1）激光焊可以缩短节拍时间。
2）激光焊能够在狭小位置焊接，提高设计自由度。
3）激光焊能增加工件刚性。

由于飞溅大，穿透焊的焊缝相对于钎焊更粗糙，但是强度比普通点焊要强得多。

例如：在汽车白车身上，因为焊接钢板有 2～4 层，厚度可达 4mm，所以对焊缝的深度有更高的要求，此时热传导焊无法满足工艺的要求，需要穿透焊。穿透焊具有速度快、熔深更深的特点，它对激光能量密度的要求远高于热传导焊。当激光作用于工件表面时，金属迅速气化（在 2590℃时钢铁就会气化为蒸气），以蒸气的形式扩散出熔池，并形成一个蒸气通道，激光在通道内进行多次反射可以使金属对激光能量的吸收率增加 75%，这称之为"小孔效应"。当产生的蒸气压力不足以扩散出熔池时，熔池便不再加深，形成一个稳定的焊接状态。熔池经过的位置，在蒸气通道周围形成金属熔液流动，使上下两层板融合在一起，金属冷却后，便形成一条高强度焊缝。与热传导焊相比，穿透焊的优势在于其焊接深度更深、速度更快，对于 4mm 厚的低碳钢板材，焊接速度可达 5m/min；而其缺点在于其将金属迅速气化后产生的大量飞溅容易损伤工件及加工设备。

穿透焊的焊接过程与钎焊有所不同，激光在两层钢板上进行穿透焊接，无焊丝填充，机器人带动镜头按照预先编定的轨迹直接焊接，无须导向装置。穿透焊采用的激光功率为 4kW，远高于钎焊。因为焊接中需要熔化工件，所以在焊缝的两端需要设置功率斜坡，即在焊接起始时，功率在 30ms 内从 1kW 线性增加至 4kW，结束时功率在 30ms 内从 4kW 降到 1kW。这样做的优点在于避免在起弧和收弧时将钢板焊穿，形成小洞，从而影响焊接质量。目前，车身穿透焊的焊接厚度可以达到 4mm。

2. 碳钢焊接试验

碳钢焊接（连续焊接）试验数据见表 3-21。

表 3-21 碳钢焊接试验数据

材质	碳钢
焊接厚度 /mm	0.8～2.5
接头形式	对接、搭接、角接、T 形接
保护气体	无
适用行业	所有行业

焊接试验工件表面成形及断面金相如图 3-48 所示。

3. 高强钢的激光焊

低合金高强度钢的激光焊，只要所选择的焊接参数适当，就可以得到与母材力学性能相当的接头。激光焊焊接接头不仅具有高强度，而且具有良好的韧性和良好的抗裂性。

激光焊焊缝细、热影响区窄。从接头的硬度和显微硬度的分布来看，激光焊有较高的硬度和较陡的硬度梯度，这表明可能有较大的应力集中出现。但是，在硬度较高的区域，正对应于细小的组织，高的硬度和细小组织的共生效应使得接头既有高的强度，又有足够的韧性。激光焊焊缝热影响区的组织主要为马氏体，这是由于它的焊接速度高、热输入小所造成的。焊缝中的有害元素大大减少，产生了净化效应，提高了接头的韧性。

例如，HY-130钢（美国牌号，舰艇用钢）是一种经过调质处理的低合金高强钢，具有很高的强度和较高的抗裂性。采用常规焊接方法焊接，接头的韧性和抗裂性要比母材差很多，而且焊态下焊缝和热影响区组织对冷裂纹很敏感。

激光焊后，在焊缝上切取拉伸试样，结果表明接头强度不低于母材，塑性和韧性比焊条电弧焊和气体保护焊好，接头性能接近母材，焊接接头的冲击吸收能量大于母材金属的冲击吸收能量。HY-130钢激光焊接头的冲击吸收能量见表3-22。

图3-48　焊接试验工件表面成形及断面金相

表3-22　HY-130钢激光焊接头的冲击吸收能量

激光功率/kW	焊接速度/(cm/s)	实验温度/℃	冲击吸收能量/J	
			焊接接头	母材
5.0	1.90	-1.1	52.9	35.8
5.0	1.90	23.9	52.9	36.6
5.0	1.48	23.9	38.4	32.5
5.0	0.85	23.9	36.6	33.9

4. 不锈钢焊接试验

对Ni-Cr系不锈钢进行激光焊时，材料具有很高的能量吸收率和熔化效率。焊接奥氏体不锈钢时，在功率为5kW、焊接速度为1m/min、光斑直径为0.6mm的条件下，光的吸收率为85%，熔化效率为71%。由于焊接速度很快，减轻了不锈钢焊接时的过热现象和线胀系数大的不良影响，焊缝无气孔、夹杂等缺陷，接头强度也可以和母材相当。

不锈钢激光焊的另一个特点是，用小功率CO_2激光焊焊接不锈钢薄板，可以获得外观成形良好、焊缝平滑美观的接头。不锈钢的激光焊，主要用于核电站中的不锈钢管、核燃料包等的焊接，也可用于石油、化工等其他工业部门。

不锈钢焊接（连续焊接）试验数据见表3-23。

表3-23　不锈钢焊接试验数据

项目	结论
材质	不锈钢3系和4系
焊接厚度/mm	0.5～3.0
接头形式	对接、搭接、角接、T形接
保护气体	氩气
适用行业	汽车消声器、箱体

不锈钢板对接焊缝,功率 2.5kW,焊接速度 2m/min,宏观金相组织如图 3-49 所示。

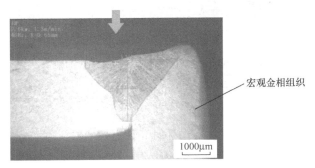

图 3-49 不锈钢板对接焊缝宏观金相组织

5. 铝和铝合金焊接试验

铝及铝合金激光焊的主要困难是铝对激光束的反射率较高。铝是热和电的良导体,高密度的自由电子使它成为光的良好反射体,起始表面反射率超过 90%。也就是说,深熔焊必须在焊接开始位置以大于主焊道焊接功率 10% 的输入能量开始,这就要求很高的输入功率,以保证焊接开始时必需的功率密度。而小孔一旦形成,由于小孔的存在使得工件对激光的吸收率迅速提高,甚至提高到 90%,从而使焊接过程顺利地进行。

铝及铝合金进行激光焊时,随温度的升高,氢在铝中的熔解度急剧增加,熔解在其中的氢成为焊缝缺陷的源泉,因此焊缝中多存在气孔,深熔焊时根部可能出现空洞,焊道成形较差,因此,必须提高激光的功率密度和焊接速度。铝及其合金对输入功率强度和焊接参数很敏感,焊接参数需严格选择,并且控制焊接过程中的等离子体。铝合金焊接时,用 8kW 的激光功率可以焊透厚度 12.7mm 的材料,焊透率大约为 1.5mm/kW。

连续 CO_2 激光焊可以对铝及铝合金进行从薄板到板厚 50mm 厚板的焊接,板厚 2mm 的铝及铝合金连续 CO_2 激光焊的工艺参数见表 3-24。

表 3-24 板厚 2mm 的铝及铝合金连续 CO_2 激光焊的工艺参数

材料	板厚/mm	焊接速度/(cm/s)	功率/kW
铝及铝合金	2	4.17	5

铝和铝合金焊接试验数据见表 3-25。

表 3-25 铝和铝合金焊接试验数据

项目	结论
材质	铝和铝合金
焊接厚度/mm	0.8~2.5
接头形式	对接、搭接、角接、T 形接
保护气体	氮气
适用行业	铝制的电池外壳

铝板角接焊缝如图 3-50 所示。

铝板角接焊缝的焊接结果（材料 A5052，板厚 1.0mm），焊接速度 1.8m/min，无背透，外观美观。

a) 正面　　　　　　　　　　　　b) 背面

图 3-50　铝板角接焊缝

6. 镀锌板焊接焊接试验

为了防止锈蚀，白车身通常采用双面镀锌钢板。由于锌的沸点（907℃）远比钢铁（2590℃）的沸点低，因此，在焊接时，表面的锌会首先气化。如果两层钢板贴得非常紧密，气化后的锌蒸气无法排出，冷却后将存留在焊缝中，这样会大大降低焊缝的强度，影响焊接质量。因此，焊接前应先将工件冲出深度为 0.3～0.5mm 的小坑，以保证工件之间有足够的缝隙排出锌蒸气。

激光焊应用于汽车白车身已经成为一种趋势，采用激光焊不仅可以降低车身重量、提高车身的装配精度，同时还能大大增强车身的强度，在用户享受舒适的同时，为其提供更高的安全保障。

镀锌板焊接试验数据见表 3-26。

表 3-26　镀锌板焊接试验数据

项目	数据
材质	镀锌板
焊接厚度 /mm	0.8～1.6
接头形式	对接、搭接、角接、T 形接
保护气体	氩气
焊接方法	自熔
适用行业	汽车零部件

镀锌板搭接焊接是激光焊的一个难点，容易出气孔，试验表明两块板之间必须要留出 0.3～0.5mm 的间距，且板厚不能超过 2mm。

对于 1.0mm 厚镀锌板的对接焊，采用单面焊双面成形工艺，激光功率 2800W，焊接速度 3.0m/min，焊接效果如图 3-51 所示。

7. 钛合金的焊接

钛合金化学性能活泼，在高温下容易氧化，330℃时晶粒开始长大，在进行激光焊时，正反面都必须施加惰性气体保护，气体保护范围需扩大到400～500℃，即拖罩保护。钛合金对接焊时，焊前必须把坡口清理干净，可先用喷砂处理，再用化学方法清洗。另外，装配要精确，接头间隙宽度要严格控制。

 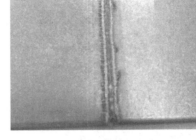

a) 正面　　　　　　　　　　　b) 背面

图 3-51　镀锌板焊接效果

钛合金激光焊时，焊接速度一般较高（1.33～1.67m/min），焊透率大约为1mm/kW。对工业纯钛和Ti-6Al-4V合金的CO_2激光焊研究表明，使用4.7kW的激光功率，焊接厚度1mm的Ti-6Al-4V合金，焊接速度可达15m/min，焊后检测表明，接头致密，无气孔、裂纹和夹杂，也没有明显咬边，接头的屈服强度、抗拉强度与母材相当，塑性不降低。在适当的焊接参数下，Ti-6Al-4V合金接头具有与母材同等的弯曲疲劳性能。钛及钛合金焊接时，氧气的熔入对接头的性能有不良影响。在激光焊时，只要使用了保护气体，焊缝中的氧就不会有显著变化。激光焊接高温钛合金，也可以获得强度和塑性良好的接头。

钛的焊接实验数据见表3-27。

表 3-27　钛的焊接实验数据

项目	数据
材质	钛
焊接厚度/mm	0.8
接头形式	对接、搭接、角接、T形接
保护气体	氩气
适用行业	汽车零部件、航空航天

钛合金板对接焊接，两块钛合金板无缝对接，板厚0.8mm，激光功率3.3kW，焊接速度4m/min，焊缝呈金黄色，焊接效果如图3-52所示。

8. 铜合金的激光焊

由于铜合金的热导率和反射率比铝合金还高，一般很难进行激光焊。只有在极高的激光功率和表面加以处理，以加强对激光能量吸收的前提下，对少数铜合金如：磷青铜和硅青铜能够成功地实施激光焊。黄铜材料由于锌组元的挥发，焊接性能不好。

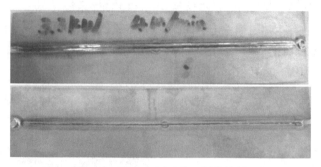

图 3-52 钛合金板对接、焊接效果

3.3.5 机器人激光焊焊接缺陷及质量要求

1. 机器人激光焊焊缝外观质量

激光焊焊接接头按 GJB 481 的规定，划分为Ⅰ级、Ⅱ级、Ⅲ级。其中，Ⅰ级、Ⅱ级接头在工艺文件中注明，未注明的为Ⅲ级接头。针对不同的焊接接头，激光焊焊缝外观质量要求如下：

（1）焊缝宽度 同一条焊缝的宽度应均匀，其最大正面宽度与最小正面宽度的比值应不大于1.2；环形焊缝收弧处最大正面宽度与最小正面宽度的比值应不大于1.4。焊缝宽度示意图如图 3-53 所示。

图 3-53 焊缝宽度

焊缝宽度应符合规定，见表 3-28。

表 3-28 焊缝宽度

母材厚度 t/mm	正面宽度 /mm	背面宽度 /mm
$1.0 \leq t < 2.0$	≥1.5t 或 2.4，取较小值	≥0.4
$2.0 \leq t \leq 5.0$	≥1.2t	≥0.6

（2）焊缝余高 焊缝余高示意图如图 3-54 所示。

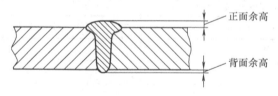

图 3-54 焊缝余高

Ⅰ级、Ⅱ级接头正面余高及背面余高应符合表 3-29 的规定（焊后机械加工的接头除外），Ⅲ级接头不做规定。

（3）错边 焊缝错边示意图如图 3-55 所示。

解决方法：焊件组合对正结合面，调整焊接夹具，提高试件组合的精度，可以消除错边缺陷。

表 3-29 焊缝正面余高及背面余高要求

母材厚度 t/mm	正面余高 /mm	背面余高 /mm
$1.0 \leq t < 2.0$	小于 30%t 或 0.4，取小值	≤1.0
$2.0 \leq t < 4.0$	小于 25%t 或 0.8，取小值	≤1.5
$4.0 \leq t < 5.0$	小于 20%t 或 1.0，取小值	≤2.0

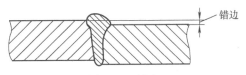

图 3-55　错边

Ⅰ级、Ⅱ级接头上允许的错边量见表 3-30，Ⅲ级接头不做规定。

表 3-30　对接接头允许的错边量

焊缝等级	错边量 /mm
Ⅰ	≤10%t
Ⅱ	≤15%t

注：t 为母材厚度。

（4）未焊满　焊缝未焊满示意图如图 3-56 所示。

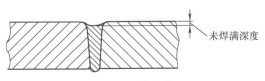

图 3-56　未焊满

焊缝金属表面出现凹下现象的原因是焊接时焊接光斑中心位置不良所致，光斑中心靠近下部且偏离焊缝中心位置，造成部分母材熔化。

解决方法：调整光/丝匹配。

Ⅰ级、Ⅱ级接头未焊满的允许值见表 3-31，Ⅲ级接头不做规定。

表 3-31　未焊满允许值

接头形式	接头等级	未焊满		
		焊缝全长 /mm	单个缺陷最大深度 /mm	单个缺陷在任何 100mm 长焊缝上累积长度 /mm
平头对接、止口对接	Ⅰ	10%t	15%t	≤15
	Ⅱ	15%t	20%t	≤30

注：t 为母材厚度。

（5）咬边　焊缝咬边示意图如图 3-57 所示。

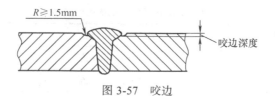

图 3-57 咬边

解决方法：对接焊时，激光光束应尽量垂直入射工件表面，激光角度偏斜过大容易使熔化金属与未熔化金属浸润不好，造成咬边。降低焊接速度可降低咬边的可能性。

Ⅰ级、Ⅱ级接头不允许存在圆角半径 R 小于 1.5mm 的咬边，Ⅲ级接头不做规定。允许存在的咬边深度应符合表 3-32 的规定。

表 3-32 咬边允许值

接头等级	咬边最大深度 /mm	任何 100mm 长焊缝上累积咬边长度 /mm
Ⅰ	8%t	≤10
Ⅱ	10%t	≤20

注：t 为母材厚度。

（6）表面下塌　下塌是激光焊中一个明显的现象。焊缝表面出现的中心下塌现象是由于金属气化产生的反冲力把液态金属推向焊点表面，而在冷却过程中表面堆积金属快速凝固来不及完全回填而形成的。金属急剧蒸发和飞溅造成的材料损失是形成中心下塌的主要原因，如图 3-58 所示。

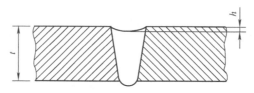

图 3-58　激光焊焊缝表面下塌

解决方法：焊接速度过慢，或者激光功率过大、采用负离焦时，工件表面材料熔化蒸发量大，造成表面下塌，尤其在激光自熔、不填丝焊接的情况下。提高焊接速度，降低激光功率，提高离焦量等措施可降低表面下塌。允许存在的下塌深度应符合表 3-33 的规定。

表 3-33　下塌允许值

接头等级	下塌深度 /mm
Ⅰ	h≤0.1t，且不大于 0.5
Ⅱ	h≤0.2t，且不大于 0.5
Ⅲ	h≤0.3t，且不大于 1

注：t 为母材厚度；h—下塌深度。

（7）焊瘤　在焊缝轨迹发生大的变化时，例如焊接角焊缝，容易在转角处出现焊瘤或成形不均等现象，如图 3-59 所示。

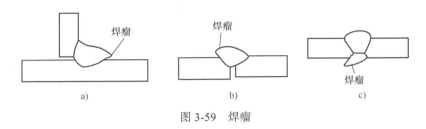

图 3-59 焊瘤

对策：优化焊接参数，调整好转角处示教点和激光入射角，使激光在转角处平滑转动。

（8）飞溅 当激光焊完成后，有些工件或材料表面上会出现很多金属颗粒，金属颗粒附着在工件表面，既影响外观，同时也影响使用。飞溅产生的原因在于焊件表面存在污物或者表面镀层等，这些杂质与激光之间相互作用，会造成工件材料金属蒸气等离子体扰动，使整个焊接过程变得不稳定，进而导致部分熔化金属颗粒外溢。薄板焊接时，焊缝背面出现金属飞溅较为常见，金属蒸气从下方喷出及液态金属堆积造成飞溅，如图 3-60 所示。

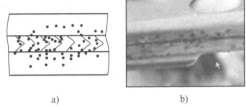

图 3-60 激光焊表面焊接飞溅

解决方法：焊件正面飞溅一般是材料表面污物引起，焊前认真清理和清洗待焊处表面，去除氧化物、杂质、油锈污物等会大大减少激光焊的飞溅。焊件背面飞溅多出现在薄板激光焊中，降低激光功率或者增大焊接速度、增大离焦量可防止激光穿透试件背面引起高温金属蒸发，从而降低飞溅。

（9）焊缝中断或粗细不均匀 激光焊时，由于送丝不稳定或出光不连续而形成焊缝中断或粗细不均匀。如图 3-61 所示。

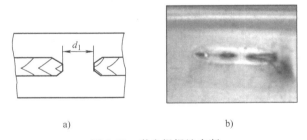

图 3-61 激光焊焊缝中断

（10）焊缝堆积 填充焊时焊缝填充材料明显太多，焊缝太高。原因是焊接时送丝速度过快或焊接速度太慢。

解决方法：增加焊接速度或减小送丝速度，或减小激光功率。

（11）焊偏 焊缝金属不在接头结构中心凝固。原因是焊接时定位不准，或填充焊时光与丝的对位不准。

解决方法：调整激光入射位置，填充焊时调整光与丝的位置，以及光、丝与焊缝的位置。

2. 机器人激光焊焊缝内部质量

（1）裂纹　裂纹示意图如图3-62所示，激光焊焊缝接头内不允许存在裂纹。

在碳钢材料的激光焊过程中，由于激光的热输入量较小，焊接变形量和焊接产生的应力也较小，因此一般情况下不会产生裂纹。但对于不锈钢材料的激光焊接，半熔化区中的固态组织中含有大量奥氏体，激光焊缝的冷却速度快，足以使奥氏体转变成马氏体，这种组织应力会增加裂纹产生倾向。裂纹常起源于低熔点共晶。激光焊焊缝中的S、P和B元素会增加裂纹形成倾向，若焊接参数选择不当，也会产生裂纹。

解决方法：对于深熔焊，采用优化的脉冲波形控制金属凝固过程的冷却速度，降低内部应力是抑制裂纹产生的有效方法。

另外，调节夹具，降低焊缝的横向拘束度也会减小产生纵向裂纹的概率。焊接结束部位产生裂纹概率较大，调整激光参数，在焊接结束设置中，不能立即关闭激光，要延长激光出光时间，维持结束位置有一定的熔化量，也可降低裂纹倾向。

（2）气孔　由于激光焊过程的冷却速度太快，匙孔外围的金属没有充分时间回填，将会出现收缩气孔。表面气孔是暴露在焊缝表面的气孔，一般很少出现，气孔大多数情况下出现在焊缝内部。当金属凝固时氢在液态金属中的熔解度下降，匙孔中金属的急剧蒸发的金属蒸气在熔池快速冷凝时，会产生尺寸稍小的内部气孔，如图3-63所示。

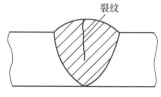

图3-62　裂纹

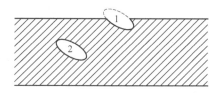

图3-63　激光焊缝的气孔

解决方法：适当降低焊接速度，增加气体从熔池析出的时间，也可以增加匙孔周围金属的回填时间，降低冷却速度，是解决表面气孔或缩孔的手段。

在Ⅰ级、Ⅱ级接头内部可存在的单个气孔和链状气孔应符合表3-34、表3-35规定，且不应有带尖角的气孔。Ⅲ级接头不做规定。气孔尺寸D不大于0.2mm时，不计入缺陷。

表3-34　接头单个气孔要求

接头等级	气孔尺寸最大允许值 D/mm	气孔间距/mm	任何100mm长焊缝范围内气孔的累积长度不大于/mm
Ⅰ	0.5t 或 2.0mm 取较小值	≥3D	3t 或 12 取较小值
Ⅱ	0.75t 或 2.5mm 取较小值	≥2D	5t 或 20 取较小值

注：t为母材厚度。

（3）夹杂物　焊接接头内不允许存在X射线可见的夹杂物。

（4）未焊透　焊缝未焊透示意图如图3-64所示。Ⅰ级、Ⅱ级接头不允许存在未焊透，Ⅲ级接头在满足使用要求的前提下，在焊缝全长上允许存在未焊透。

表 3-35 接头链状气孔要求

密封性要求	链内单个气孔尺寸 D 的最大允许值 /mm	链内单个气孔的间距 /mm	任何 100mm 长度焊缝内呈链状气孔的数量不多于	链状气孔分布的长度不大于 /mm
无	0.3t 或 1.0 取较小值	≥D	两条	18
有	0.3t 或 0.5 取较小值	≥D	一条	10

注：钉尖气孔不算作链状气孔；t 为母材厚度。

解决方法：未焊透主要是由于激光功率不足引起的，焊接速度过大也会产生未焊透。增加激光功率、降低焊接速度，脉冲焊时增加脉冲能量，降低脉冲个数可提高激光功率，从而增加用于熔化金属的热量，增大熔深。另外，其他参数不变条件下，采用负离焦量，也可以增加熔深。

（5）未熔合 焊缝未熔合示意图如图 3-65 所示。Ⅰ级、Ⅱ级接头不允许存在未熔合，Ⅲ级接头在满足使用要求的前提下，在焊缝全长上允许存在未熔合。

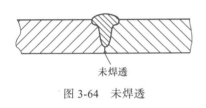

图 3-64 未焊透　　　　　　　　图 3-65 未熔合

3. 机器人激光焊焊缝检验

机器人激光焊焊缝检验项目及要求见表 3-36。

表 3-36 机器人激光焊焊缝检验项目及要求

检验项目	要求	检验工具
焊缝长度	除非图样明确要求，焊缝实际长度为有效长度在起始、结束位置增加 1.5mm	游标卡尺、卡规（适用于弧形焊缝）
焊缝宽度	符合图样要求	游标卡尺、焊缝测量尺
熔深	除非图样明确要求，熔透率应大于 30%（或 0.8～1.2mm）	剖开焊缝后，用游标卡尺或电子显微镜测量焊缝断面尺寸
焊缝剥离试验	将焊件固定在专用夹具中用斩口钳或者锤子加载外力在母材上，直至焊缝断裂，并观察撕裂情况	使用 5 倍放大镜目测
焊缝抗拉、抗扭试验		拉力试验机、扭力扳手

3.4 机器人激光焊操作范例

3.4.1 Ⅰ形坡口铝板对接机器人激光焊

1. 工件准备及固定

材质为 6061 铝合金板两块，水平板对接，工件尺寸：300mm×200mm×1mm。

1)焊件表面平整,无变形,焊缝边缘无毛刺。

2)为保证焊缝平整无下凹,需要靠工装将铝板用夹具在水平位置夹紧,不留间隙。如两板存在间隙,焊缝会有下凹。下凹量基本与间隙量一致。

3)焊前需去除工件表面油污。用钢丝刷打磨表面氧化层并用异丙醇清洗。

4)用TIG焊对焊缝首尾处先进行定位焊。

I形坡口铝板水平对接激光焊夹具定位如图3-66所示。

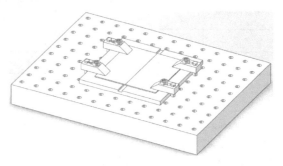

图3-66 I形坡口铝板水平对接激光焊夹具定位

2. 焊接工艺及参数

1)采用激光直线无自旋焊接,前进角0°,工作角0°。焊接示意如图3-67所示。

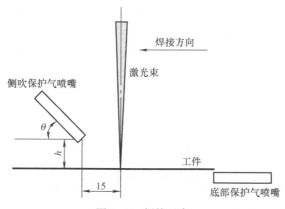

图3-67 焊接示意

2)铝合金焊接前准备工作,对铝合金的焊接质量影响很大。焊接前对铝合金件表面用无水酒精或丙酮擦拭,以清除表面所吸附的水或油等杂质。为防止工件在空气中被氧化,需要对工件进行机械打磨或化学处理并烘干,同时尽快完成焊接。为了加快铝合金焊接时的熔池流动性,可以在铝合金工件焊缝背面加垫铜板以改善焊缝成形。

3)铝合金激光焊开始时,存在高反射现象,严重影响材料对激光能量的吸收,而波长越短,材料对光的吸收就越好,因此,光纤激光比CO_2激光被铝合金的吸收要好。光纤激光的光束模式也比CO_2激光好,能量密度更加集中。一旦材料开始吸收光量,液态金属对光的反射率就明显下降。

4)根据铝板单面焊双面成形工艺要求,加大功率或降低速度,会出现正面成形太凹,背透太大;反之,则无背透。

5)为避免焊缝氧化,焊接时,采用高纯氩气正、反两面保护,旁轴侧吹保护气体。作用如下:

①有效保护焊缝熔池,减少甚至避免被氧化。

②有效减少焊接过程中产生的飞溅。

③ 促使焊缝熔池凝固时均匀铺展，使得焊缝成形均匀美观。
④ 有效减小金属蒸气云或者等离子云对激光的屏蔽作用，增大激光的有效利用率。
⑤ 可以有效减少焊缝气孔。

激光焊机器人系统 I 形坡口铝板水平对接工艺参数见表 3-37。

表 3-37 激光焊机器人系统 I 形坡口铝板水平对接工艺参数

接头形式	焊接速度/(m/min)	激光头焦距/nm	激光功率/kW	保护气体	离焦量/mm	光束质量 BPP/(mm·mrad)	中心波长/nm
外角焊缝	4.0	280	2.125	高纯氩气	0	4	976

3. 示教编程

激光焊机器人系统 I 形坡口铝板水平对接操作流程如下：

开启激光焊系统电源→打开机器人电源→机器人伺服通电→调整激光焦距→机器人（激光头）移动路径示教编程→激光参数设定→检查机器人和激光器的出光信号通信→起动焊接。

具体步骤及操作方法如下。

步骤 1：起动激光焊设备

打开配电箱开关，起动激光发射器冷机、激光头用冷机、机器人的电源，示教器进入机器人编程界面，将激光器装置前面的开关置于［ON］位置，信号灯全部亮灯，将其前面的钥匙开关 1 置于［ON］，按下复位按钮，执行机器人程序，示教器伺服［ON］。

步骤 2：激光焦点调节

1）在示教器显示界面中按下"GUIDE"按钮，并点亮，如图 3-68 所示。
2）调节激光焦点，确定激光焦距。通过引导光单元"开光"打开，发出一道直线。打开激光位置引导光开关使其处于［ON］，使光点落在直线焊缝上，通过测量来获得焦距数值，如图 3-69 所示。

图 3-68 "GUIDE"按钮

图 3-69 引导光激光调焦

步骤 3：示教编程

依照机器人（激光头）移动路径规划，对 I 形坡口铝板试件进行逐点示教编程，示教点路径规划如图 3-70 所示。

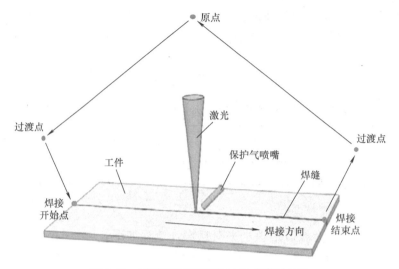

图 3-70　I 形坡口铝板试件示教点路径规划

步骤 4：激光器参数设定

使示教器处于编辑状态，按下示教器显示界面按钮 "NAVI gation"，进入 LASER-SET 激光焊参数设定界面，采用连续激光焊接工艺，根据焊件材料和尺寸进行激光焊工艺参数的设定，在焊接参数编辑界面，输入激光功率、焊接速度数值参数，如图 3-71 所示。

图 3-71　焊接参数编辑界面

根据工艺要求，调整和优化激光焊起始和结束参数，如图 3-72 所示。

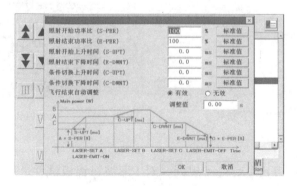

图 3-72　激光焊起始和结束参数

步骤 5：示教程序检查

进入示教跟踪界面，对示教编程后的路径进行检查，采用正向跟踪使机器人按照编程路径移动，检查焊接路径是否有偏差或者干涉等现象。同时可对激光焊参数数据进行检查，如果出现偏离轨迹的情况要修改示教点。示教跟踪界面及示教程序如图3-73所示。

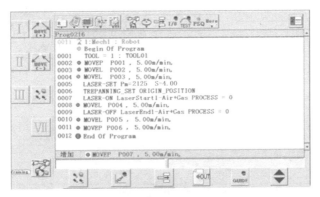

图 3-73　示教跟踪界面及示教程序

步骤 6：运行程序进行机器人激光深熔焊接

操作者撤离到安全区，使机器人与激光器通信，将钥匙转到 AUTO 状态，按下机器人伺服［ON］按钮，单击起动按钮，运行程序直至完成焊接。I形坡口铝板对接机器人激光焊效果如图3-74所示。

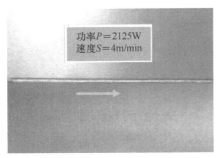

a) 正面成形　　　　　　　　　　　　b) 背面成形

图 3-74　I形坡口铝板对接机器人激光焊效果

I形坡口铝板对接机器人激光深熔焊评分标准见表3-38。

表 3-38　I形坡口铝板对接机器人激光深熔焊评分标准（满分100分）

检查项目	评判标准及得分	评判等级			
		I	II	III	IV
焊缝宽度	标准/mm	≥1.5，<2.0	≥2.0，<2.5	≥2.5，<3.0	<1.5，≥3.0
	分数	15	10	5	0
焊缝下凹	尺寸标准/mm	≥0.0，<0.2	≥0.2，<0.3	≥0.3，<0.4	深度≥0.4
	得分标准	15	10	5	0

(续)

检查项目	评判标准及得分	评判等级			
		I	II	III	IV
余高（正面及背面）	标准/mm	≥0.0，<0.4	≥0.4，<0.8	≥0.8，<1.2	≥1.2
	分数	15	10	5	0
咬边	标准/mm	无	深度≤0.5且长度≤15	深度≤0.5长度>15，≤30	深度>0.5或长度>30
	分数	15	10	5	0
气孔	标准/mm	无	直径D≤0.5，1个	直径D≤0.5，2个	直径D>0.5或2个以上
	分数	15	10	5	0
错边量	标准/mm	0	≤0.5	>0.5，≤1.0	>1.0
	分数	15	10	5	0
焊缝外观成形	标准	优 成形美观，焊纹均匀细密，高低宽窄一致，无飞溅	良 成形较好，焊纹均匀，焊缝平整，有少量飞溅	一般 成形尚可，焊缝平直，有少量大颗粒飞溅	差 焊缝弯曲，高低宽窄明显，有表面焊接缺陷，有大量大颗粒飞溅
	分数	10	7	4	0
总分					

注：激光焊焊缝接头内存在裂纹、夹杂物、未焊透、未熔合缺陷之一，焊件判为0分。

3.4.2 不锈钢板T形接头平角焊缝机器人激光焊

1. 工件准备

材质：不锈钢板0Cr18Ni9（304）；焊件尺寸：水平板200mm（长）×100mm（宽）×2.5mm（厚）一块，立板200mm（长）×60mm（宽）×2.0mm（厚）一块，T形接头平角焊缝如图3-75所示。

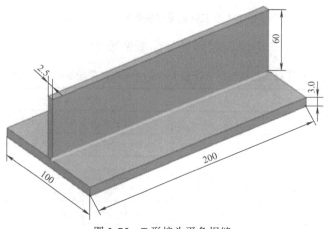

图3-75 T形接头平角焊缝

工艺方法建议如下：

1）无螺旋直线焊接。

2）增加侧向吹气，减少烟雾对激光能量的影响，对减少飞溅也有一定效果。

3）由于没有工装，焊前 TIG 点固，保证示教指向，使背透均匀。

4）调整结束点参数，减小激光结束功率比，填满凹坑。

2. 焊接参数

采用激光自熔焊工艺，激光焊机器人系统焊接不锈钢板 T 形接头平角焊缝工艺参数见表 3-39。

表 3-39　激光焊机器人系统焊接不锈钢板 T 形接头平角焊缝工艺参数

接头形式	焊接速度/（m/min）	激光头焦距/nm	激光功率/kW	保护气体	离焦/mm	光束质量 BPP/（mm·mrad）	中心波长/nm
T 形接头	2.0	280	3.9	高纯氩气	0	4	976

3. 示教编程

激光焊机器人系统焊接 T 形接头平角焊缝编程的方法和步骤如下：

步骤 1：示教焊接开始点和过渡点

示教焊接开始点和过渡点，执行插补指令 MOVEP（空走），如图 3-76 所示。

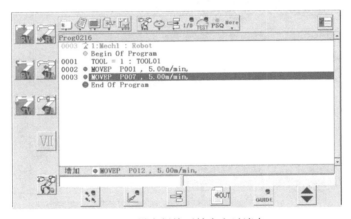

图 3-76　设定焊接开始点和过渡点

步骤 2：示教激光头出光点位置

示教激光头出光点位置，使工件的焊接位置距离激光头 280mm，使激光对准焊缝，执行插补指令 MOVEL（焊接），激光入射角取 10°，工作角取 45°，采用前进法焊接，如图 3-77 所示。

步骤 3：设置激光焊参数

采用连续激光焊接工艺，设置激光焊主要参数，P_m=3900W　S=2.0m/min，如图 3-78 所示。

不锈钢 T 形接头焊接开始点激光焊参数 LASER-SET 显示在程序中，如图 3-79 所示。

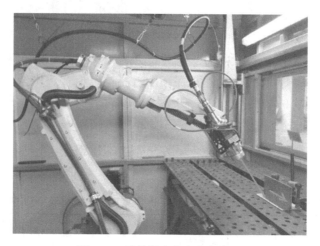

图 3-77 示教激光头出光点位置

图 3-78 设置激光焊主要参数

图 3-79 不锈钢 T 形接头焊接开始点激光焊参数 LASER-SET

步骤 4：示教激光头闭光点位置

示教激光头闭光点位置，使工件的焊接位置距离激光头 280mm，执行插补指令 MOVEL（空走），始终保持焊接过程中激光入射角为 10°，工作角为 45°，如图 3-80 所示。

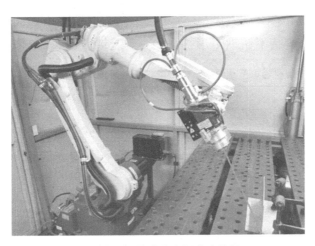

图 3-80　示教激光头闭光点位置

步骤 5：示教过渡点和回原点程序

先示教过渡点，执行插补指令 MOVEP（空走），再将该程序第一条机器人原点指令复制后粘贴到程序最后一行，使机器人回到原点位置。激光焊机器人系统焊接不锈钢 T 形接头平角焊缝示教程序如图 3-81 所示。

图 3-81　激光焊机器人系统焊接不锈钢 T 形接头平角焊缝示教程序

步骤 6：运行程序进行 T 形接头角焊缝激光焊

操作者撤离到安全区，示教器切换到 AUTO 状态，伺服系统通电，单击"启动"按钮，运行程序，执行机器人脉冲激光焊。机器人激光焊接不锈钢平角焊缝成形效果如图 3-82 所示。

图 3-82　机器人激光焊接不锈钢平角焊缝成形效果

【任务评价】

激光焊机器人系统焊接不锈钢T形接头平角焊缝评分标准见表3-40。

表3-40 激光焊机器人系统焊接不锈钢T形接头平角焊缝评分标准（满分100分）

检查项目	评判标准及得分	评判等级			
		Ⅰ	Ⅱ	Ⅲ	Ⅳ
焊脚高	标准/mm	≥2.0, <2.5	≥1.5, <3.0	>1.0, ≤3.5	≤1.0, >3.5
	分数	15	10	5	0
凸凹度	标准/mm	≤0.0, >0.5	>0.5, ≤1.0	>1.0, ≤1.5	>1.5
	分数	15	10	5	0
熔深	标准/mm	≥1.5, <1.8	≥1.0, <2.0	>0.5, ≤2.5	≤0.5, >2.5
	分数	15	10	5	0
咬边	标准/mm	无	深度≤0.5且长度≤15	深度≤0.5长度>15, ≤30	深度>0.5或长度>30
	分数	15	10	5	0
气孔	标准/mm	无	直径D≤0.5, 1个	直径D≤0.5, 2个	直径D>0.5或2个以上
	分数	15	10	5	0
焊缝边缘直线度	标准/mm	0～0.5	0.5～1	1～2	>2
	分数	15	10	5	0
焊缝外观成形		优	良	一般	差
	标准	成形美观，焊纹均匀细密，高低宽窄一致，焊脚尺寸合格，无飞溅	成形较好，焊纹均匀，焊缝平整	成形尚可，焊缝平直	焊缝弯曲，高低宽窄明显，有表面焊接缺陷
	分数	10	7	4	0
总分					

注：激光焊焊缝接头内存在裂纹、夹杂物、未焊透、未熔合缺陷之一，焊件判为0分。

3.4.3 碳钢圆管与镀锌板平角焊缝机器人激光焊

1. 工件准备与固定

厚度为2.0mm、直径为108mm的碳钢圆管与厚度为2.5mm，长×宽为150mm×150mm的镀锌板焊接。

用激光点焊方式进行定位焊，均匀点固焊缝上的四个点即可。然后将管-板组合件以水平位置置于平台上，用压板紧固，实现定位与固定。管-板平角焊缝激光焊工件固定如图3-83所示。

建议：由于激光焊焊接速度快，在高速焊接小直径的圆周时，激光头快速转动的过程中会出现光斑在焊接过程中不稳定的情况。使用变位机水平旋转与机器人协调作业，可以使光斑在焊接过程中保持稳定,达到良好的焊缝成形效果。机器人激光焊与变位机协调作业如图3-84所示。

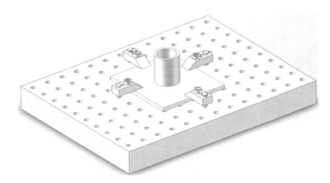

图3-83 管-板平角焊缝激光焊工件固定

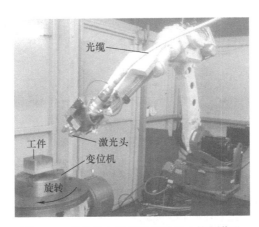

图3-84 变位机水平旋转与机器人协调作业

因此,在直径较小的圆周焊接时,建议使用机器人与变位机协调作业。

2. 焊接参数

采用激光脉冲自熔焊工艺,侧向吹气,激光焊机器人系统焊接碳钢圆管与板平角焊缝工艺参数见表3-41。

表3-41 激光焊机器人系统焊接碳钢圆管与板平角焊缝工艺参数

焊缝形式	焊接速度/ (m/min)	主功率/W	基底功率/W	保护气体	离焦量/ mm	激光偏转角度/(°)	焊点光束直径/mm	频率/ Hz	脉冲宽度(%)
管板角焊缝	3	3800	1000	高纯氩气	0	45	3.2	100	50

3. 示教编程

步骤1:示教轨迹点及程序编辑和修改

碳钢圆管与板平角焊缝机器人示教路径如图3-85所示。依次示教$P_1 \sim P_9$,其中,$P_3 \sim P_7$为焊接段,采用圆弧插补指令MOVEC,使工件的焊接位置距离激光头280mm,使激光对准焊缝,始终保持焊接过程中激光入射角为10°,工作角为45°。

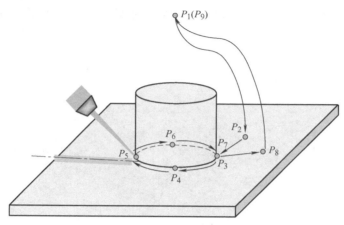

图 3-85 碳钢圆管与板平角焊缝机器人示教路径

示教点程序如下：

```
1: Mech1: Robot
   Begin Of Program
MOVEP  P001, 10.00m/min,
MOVEP  P002, 10.00m/min,  ————————该示教点输出端子发出送气"ON"信号
   OUT 01#（1: 01#0001）=ON
MOVEC  P003, 10.00m/min,  ————————焊接开始点（出光）
   LASER-SET Pm=3800 S=6.00
   TREPANNING_SET ORIGIN_POSITION
   LASER-SET_LP Pm=3800 Pb=1000 FRQ=100 Wd=50  S=3.00
   LASER-ON  LaserStart1  PROCESS = 0
MOVEC  P004, 10.00m/min,
MOVEC  P005, 10.00m/min,
MOVEC  P006, 10.00m/min,
MOVEC  P007, 10.00m/min,  ————————焊接结束点（闭光）
   LASER-OFF  LaserEnd1  PROCESS = 0
MOVEP  P005, 10.00m/min,  ————————该示教点输出端子发出送气"OFF"信号
   OUT 01#（1: 01#0001）=OFF
MOVEP  P008, 10.00m/min,
MOVEP  P009, 10.00m/min
   End Of Program
```

步骤 2：设置焊接参数

单击"NAVI gation"按钮，进入 LASER-SET 激光机器人焊接导航界面，采用脉冲焊接工艺，根据焊件材料和尺寸进行激光焊工艺参数的设定，输入 Pm [主功率]、Pb [基底功率]、FRQ [频率]、Wd [脉冲宽度]、S [速度] 的数值，如图 3-86 所示。

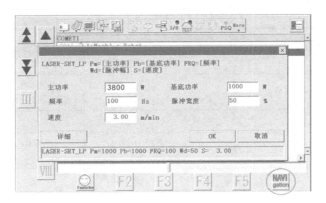

图 3-86　激光机器人焊接导航界面

步骤 3：运行程序进行碳钢圆管与板平角焊缝机器人激光焊

操作者撤离到安全区，示教器切换到 AUTO 状态，伺服系统通电，单击"启动"按钮运行程序，执行机器人脉冲激光焊。激光焊机器人系统焊接碳钢圆管与板平角焊缝成形效果如图 3-87 所示。

图 3-87　激光焊机器人系统焊接碳钢圆管与板平角焊缝成形效果

【参见教学资源包（三）3.机器人激光焊交运座椅视频】

【任务评价】

激光焊机器人系统焊接碳钢圆管与板角接焊缝评分标准见表 3-42。

表 3-42　激光焊机器人系统焊接碳钢圆管与板角接焊缝评分标准（满分 100 分）

检查项目	评判标准及得分	评判等级			
		I	II	III	IV
焊脚高	标准 /mm	≥2.0，<2.5	≥1.5，<3.0	>1.0，≤3.5	≤1.0，>3.5
	分数	15	10	5	0
凸凹度	标准 /mm	≤0.0，>0.5	>0.5，≤1.0	>1.0，≤1.5	>1.5
	分数	20	14	8	0
熔深	标准 /mm	≥1.5，<1.8	≥1.0，<2.0	>0.5，≤2.5	≤0.5，>2.5
	分数	15	10	5	0

(续)

检查项目	评判标准及得分	评判等级			
		I	II	III	IV
咬边	标准/mm	无	深度≤0.5且长度≤15	深度≤0.5长度>15,≤30	深度>0.5或长度>30
	分数	15	10	5	0
气孔	标准/mm	无	直径D≤0.5,1个	直径D≤0.5,2个	直径D>0.5或2个以上
	分数	15	10	5	0
焊缝边缘直线度	标准/mm	0~0.5	0.5~1	1~2	>2
	分数	20	14	8	0
焊缝外观成形		优	良	一般	差
	标准	成形美观,焊纹均匀细密,高低宽窄一致,焊脚尺寸合格,无飞溅	成形较好,焊纹均匀,焊缝平整	成形尚可,焊缝平直	焊缝弯曲,高低宽窄明显,有表面焊接缺陷
	分数	10	6	4	0
总分					

3.5　激光复合焊的应用

3.5.1　激光-电弧复合焊接原理

采用激光深熔焊焊接技术（即穿孔焊接），大功率的激光束流一次焊接金属材料厚度可达20mm以上，同时具有比较高的焊接速度，热影响区比较小。由于激光束流比较细小，因此焊接时对拼接接头的间隙要求比较高（<0.1mm），熔池的搭桥能力比较差，同时由于工件表面的强烈反射影响了束流能量向工件的传递，高能激光束导致熔池金属的蒸发、气化、电离，形成光致等离子体，严重影响了焊接过程的稳定性，因此焊接过程中激光的实际能量利用率极低，以CO_2激光器为例，其量子效率为38%，电光效率为15%~20%，实际激光器运行的总效率<20%，因此，能源严重浪费。

而弧焊作为一种成熟的金属连接技术已经在工业界得到广泛的应用，但由于束流能量密度的限制，相对于高能束流焊接而言，弧焊的焊接厚度与焊接速度均比较小，且焊缝的热影响区比较大，焊缝具有较小的深宽比，因电弧的搭桥能力比较强，所以，对焊接工件的间隙要求不严格，可以达到工件厚度的10%，电弧能量的利用率达到输出功率的60%以上。

激光-电弧复合热源焊接技术是一种新兴的特种制造技术，它是将物理性质、能量传输机制截然不同的两种热源复合在一起，同时作用于同一加工位置，既充分发挥了两种热源各自的优势，又相互弥补了各自的不足，从而形成一种全新高效的热源，激光-电弧复合焊接原理示意图如图3-88所示。

采用复合热源焊接与单热源焊接相比，同样工艺参数下焊接速度可提高1倍，与单独采用激光束进行焊接相比较，接头熔深增大20%，而且对激光束品质，对接焊缝间隙及焊缝跟踪精度的要求大大放宽了。与填充焊丝激光焊相比，即使焊缝对接根部间隙达到1mm，采用激光-电弧复合热源焊接也可以得到良好的成形接头，而且可以发挥各自优势、取长补短，即：利用电弧先期软化工件表面，再用高能量的激光束击穿工件形成小孔，进行高速穿孔焊接。电弧的介入，不仅可以降低金属表面对激光束的反射率，而且电弧等离子体将吸收光致等离子体，从而有效地

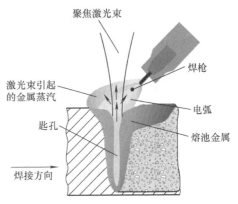

图 3-88 激光-电弧复合焊接原理示意图

提高激光束的能量传输效率，因此，激光-电弧复合热源是铝合金的理想焊接热源。采用激光-电弧复合热源焊接技术后，焊接速度有了成倍的提高，焊接变形明显减小，焊接能力与激光焊持平，搭桥过渡能力强于激光焊。同时，采用激光-电弧复合焊接工艺后，焊缝区的硬度有明显的下降。

3.5.2 激光-电弧复合焊接成形的影响因素

影响激光-电弧复合焊成形的因素很多，主要有：电弧电流，激光功率，离焦量，激光与电弧的相对位置，焊接速度。它们严重地影响着焊缝成形和焊接质量。

1. 电弧电流

在激光功率一定，电流较小时随着电流的增大熔深增加，但当电流较大时随着电流的增大熔深变化不大有时甚至减小。对双焦点激光-MIG电弧复合焊接工艺的研究发现，在同一激光功率下，熔深随着电弧电流的增加而增大，当电流大到某一值时熔深达到最大值，随后当继续增大电流时熔深反而减小。

2. 激光功率

激光功率是影响复合热源熔—钎焊的主要焊接参数。激光功率对焊缝成形影响很大，特别是对熔深的影响最大，随着功率的增加熔深变大。雷振等对铝/钢的激光复合焊的研究表明，熔深随着激光功率的增加而增大。激光功率对熔宽也有影响，但不是很明显。从对双焦点激光-MIG电弧复合焊接工艺研究表明，在较小的电弧电流下熔宽随功率的增大而变宽，但是在大电流下这种变化不明显。

3. 离焦量

离焦量对电弧的稳定性及熔宽影响不大，但对熔深有较大影响。通常定义激光束的焦点在工件表面为零离焦量，在工件之上为正离焦量，在工件之下为负离焦量。一般存在一个适当的离焦量使得熔深最大。在电弧与YAG复合焊时，得出最佳的离焦量是-1mm。研究不锈钢YAG-MAG激光复合焊时发现，在相同的离焦量下复合焊时的熔深是激光焊时的两倍。

4. 激光与电弧的相对位置

激光与电弧的相对位置对复合焊焊缝的成形及焊缝质量有影响。研究表明，激光束在前而电弧在后时焊缝上表面成形均匀饱满，而电弧在前激光束在后焊缝表面会出现倾斜沟槽，而且前者焊缝上部的硬度小于下部，而后者焊缝上部的硬度大于下部。

5. 焊接速度

在一定激光功率下，随着焊接速度的增加，熔深、熔宽变小。这是因为在一定的激光功率和焊接电流下，随着焊接速度的变大，单位时间单位长度范围内的热输入减小，从而热源向四周传播的热量减少，用于金属熔化的热量就减少，因而熔深、熔宽变小。其次，因为焊接速度变大，电弧收缩，使得电弧加热区域的范围减小，因而熔宽变小。哈尔滨焊接研究院有限公司的研发人员对 Na∶YAG 激光＋脉冲 GMAW 复合热源焊接焊接参数对焊缝熔宽影响的研究证实了这一点，即随焊速的提高熔宽变小。

在一定激光功率下，随着焊接速度的增加，熔深、熔宽变小，熔深变浅甚至无法焊透；适当降低焊速可以增大熔深，但焊速过慢可能导致焊件过度熔化，甚至焊穿，因此必须找到一个适当的焊接工艺，既满足高效的要求又能获得较大的熔深。铝／钢激光－MIG 复合热源熔－钎焊连接试验研究表明，利用该连接方法可以实现高速的铝／钢焊接，最高焊接速度可达 5m/min。

3.5.3 激光－电弧复合焊接及编程操作

激光－电弧复合焊接主要指激光与 TIG 或 MIG 电弧复合焊接。在这种工艺中，激光和电弧相互作用、取长补短。例如，激光焊的能量利用率低的重要原因是焊接过程中产生的等离子体云对激光的吸收和散射，且等离子体对激光的吸收与正负离子密度的乘积成正比。

如果在激光束附近外加电弧，电子密度显著降低，等离子体云得到稀释，对激光的消耗减小，工件对激光的吸收率提高。而且由于工件对激光的吸收率随温度的升高而增大，电弧对焊接母材切口进行预热，使切口开始被激光照射时的温度升高，也使激光的吸收率进一步提高。这种效果尤其对于激光反射率高、热导率高的材料更加显著。

1. 激光－电弧复合焊接 MAG 焊

铝合金薄板填丝激光－电弧复合焊接 MAG 焊（80%Ar+20%CO_2 混合气体保护焊），如图 3-89 所示。

在激光焊时，由于热作用和影响区很小，焊接端面切口容易发生错位和焊接不连续现象。峰值温度高，温度梯度大，焊接后冷却、凝固很快，容易产生裂纹和气孔。

而在激光与电弧复合焊接时，由于电弧的热作用范围、热影响区较大，可缓和对切口精度的要求，减少错位和焊接不连续现象。而且温度梯度较小，冷却、凝固过程较缓慢，有利于气体的

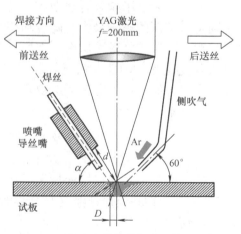

图 3-89 铝合金薄板激光填丝焊接技术

排除，降低内应力，减少或消除气孔和裂纹。

另外，由于电弧焊接容易填送焊丝，可以填充间隙，采用激光-电弧复合焊接的方法能减少或消除焊缝的凹陷。

综上所述，激光-电弧复合焊接MAG焊有如下特点：

1) 焊缝深窄，深宽比高（10:1）。
2) 焊接速度快。
3) 热输入低。
4) 焊缝热影响区窄。
5) 焊接变形小。
6) 焊缝质量好，特别是韧性好。
7) 采用激光复合焊可降低间隙要求，可用于各类工业制造。

2. 激光-电弧复合焊接TIG焊（惰性气体钨极保护焊）

（1）钨极氩弧焊的优点

1) 氩气能有效地隔绝周围空气；它本身又不熔于金属，不和金属反应；钨极氩弧焊过程中电弧还有自动清除工件表面氧化膜的作用。因此，可成功地焊接易氧化、氮化，化学活泼性强的非铁金属材料、不锈钢和各种合金。

2) 钨极电弧稳定，即使在很小的焊接电流（<10A）下仍可稳定燃烧，特别适用于薄板，超薄板材料焊接。

3) 热源和填充焊丝可分别控制，因而热输入容易调节，可进行各种位置的焊接，也是实现单面焊双面成形的理想方法。

4) 由于填充焊丝不通过电弧，故不会产生飞溅，焊缝成形美观。

（2）钨极氩弧焊不足之处

1) 熔深浅，熔敷速度小，生产率较低。

2) 钨极承载电流的能力较差，过大的电流会引起钨极熔化和蒸发，其微粒有可能进入熔池，造成污染（夹钨）。

3) 惰性气体（氩气、氦气）较贵，和其他电弧焊方法（如焊条电弧焊、埋弧焊、CO_2气体保护焊等）比较，生产成本较高。

（3）激光与TIG复合焊接的特点

综上所述，激光与TIG复合焊接的特点如下：

1) 利用电弧增强激光的作用，可用小功率激光器代替大功率激光器焊接金属材料。
2) 可高速焊接薄件。
3) 可改善焊缝成形，获得优质焊接接头。
4) 可缓和母材焊接端面切口精度要求。激光-TIG焊复合焊接图3-90所示。

3. 激光-电弧复合焊示教编程案例

工件材料为材料Q235钢，试件尺寸为300mm（长）×100mm（宽）×8mm（厚），对接V形坡口（7°），工件焊缝位置如图3-91所示，上表面间隙约1mm。

板对接方式为两端点固，单面焊双面成形。采用MAG弧焊与激光旁轴复合焊工艺，保护气体为80%Ar+20%CO_2，焊接层次为单层单道，复合焊工艺参数选择见表3-43。

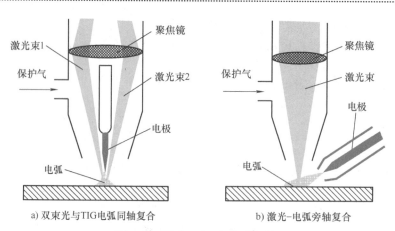

a) 双束光与TIG电弧同轴复合　　　b) 激光-电弧旁轴复合

图 3-90　激光 –TIG 焊复合焊接

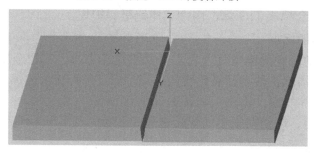

图 3-91　V 形坡口对接试件焊缝位置

表 3-43　板对接激光 – 电弧复合焊工艺参数

接头形式	焊接速度 /(cm/min)	激光焦点 /mm	激光功率 /kW	光丝间距 /mm	光丝夹角 /(°)	焊接电流 /A	焊接电压 /V
板对接	150～180	-4	2.5	2	60	200～240	17～19

板对接激光 – 电弧复合焊试件示教点规划如图 3-92 所示。

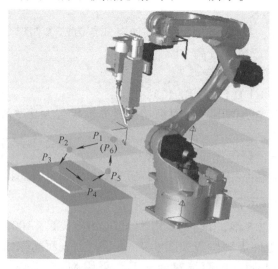

图 3-92　板对接激光 – 电弧复合焊试件示教点规划

【参见教学资源包（三）7. 激光复合焊视频】

【实操步骤】

以安川机器人激光-电弧复合焊设备为例,板对接激光-电弧复合焊的方法和步骤如下。

步骤1：调整焊接头的光丝间距 D_{LA} 和光丝夹角 α 及激光焦点位置

示教前手动调整复合焊接头的光丝间距 D_{LA} 和光丝夹角 α，激光焦点位置设定在板下 4mm 处，如图 3-93 所示。

步骤2：逐点示教

1）P_1 为原点，设为 MOVJ VJ=50.00（图略）；P_2 为过渡点，设为 MOVJ VJ=50.00（图略）；钢板左侧 P_3 为焊接开始点，示教点设 MOVL V=150，设置焊接起弧 ARCON、开启激光束 LASER_ON，如图 3-94 所示。

2）在钢板右侧 P_4 收弧点处关闭激光束，设 LASER_OF 然后弧焊熄弧，设 ARCOF，收弧时要填满弧坑，以免产生弧坑裂纹和气孔。如图 3-95 所示。

图 3-93 焊接头的光丝间距 D_{LA} 和光丝夹角 α 及激光焦点位置

图 3-94 焊接开始点

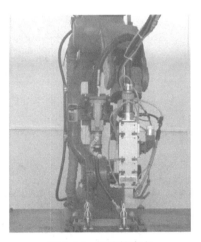

图 3-95 焊接结束点

3）然后焊枪（激光头）在钢板左侧上方 100mm 位置设过渡点，MOVJ P5，空走点回到作业原点 MOVJ P6。

4）编写的板对接机器人激光-电弧复合焊程序如下：

```
0000 NOP                              //程序开始
0001 MOVJ VJ=50.00                    //程序点 P1
0002 MOVJ VJ=50.00                    //程序点 P2
0003 MOVL V=500    PL=0               //程序点 P3
0004 ARCON AC=220AAVP=100             //焊接起弧
0005 LASER_ON POWER=2500W   T=0.1s    //激光开启
0006 MOVL V=150                       //程序点 P4
```

```
0007 LASER_OF            // 激光关闭
0008 ARCOF               // 焊接熄弧
0009 MOVJ VJ=50.00       // 程序点 P5
0010 MOVJ VJ=50.00       // 程序点 P6
0011 END                 // 程序结束
```

步骤 3：实施焊接

将机器人设备模式转换为自动模式，开启激光焊设备开关，按下起动按钮进行板对接机器人激光 – 电弧复合焊接，如图 3-96 所示。

图 3-96　机器人激光 – 电弧复合焊接

板对接机器人激光 – 电弧复合焊正、反面成形结果如图 3-97 所示。

a) 正面　　　　　　　　　　　　b) 反面

图 3-97　板对接机器人激光 – 电弧复合焊正、反面成形结果

板对接激光 – 电弧复合焊焊缝截面如图 3-98 所示。

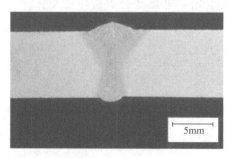

图 3-98　板对接激光 – 电弧复合焊焊缝截面

【任务评价】

板对接激光-电弧复合焊项目评分标准，见表3-44。

表3-44 板对接激光-电弧复合焊项目评分标准（满分100分）

检查项目	标准、分数	焊缝等级			
		Ⅰ	Ⅱ	Ⅲ	Ⅳ
焊缝宽度	标准/mm	≤17, >15	>17, ≤15	>18, ≤14	>19, ≤13
	分数	20	14	8	0
焊缝余高	标准/mm	0～1	1～2	2～3	>3, <0
	分数	10	7	4	0
背面凹坑	标准/mm	≤10	≤20	≤30	>30
	分数	20	14	8	0
试件变形量	标准（°）	≤1	≤2	≤3	>3
	分数	10	7	4	0
错边量	标准/mm	≤0.4	≤0.8	≤1.2	>1.2
	分数	10	7	4	0
咬边	标准/mm	0	深度≤0.5且长度每2mm减0.5分		深度>0.5或总长度>30mm
	分数	10	7		0
焊缝外观成形		优	良	一般	差
	标准/mm	成形美观，焊纹均匀细密，高低宽窄一致	成形较好，焊纹均匀，焊缝平整	成形尚可，焊缝平直	焊缝弯曲，高低宽窄明显，有表面焊接缺陷
	分数	20	14	8	0

注：1. 焊缝表面如有修补，该试件作0分处理。
2. 焊缝表面有裂纹、夹渣、未熔合、气孔、焊瘤等缺陷之一的，该试件为0分。

复习思考题

1. 如何遵守激光加工安全规定和激光加工设备使用安全事项？
2. 简述激光器作业程序？电源开通前设备检查部位有哪些？
3. 松下激光焊设备主要由哪些部分组成？
4. 什么是激光螺旋工艺方法？请说明其基本原理。

5. 简述松下激光专用示教软件的九种图案焊接模式。
6. 激光焊焊缝的外观质量指标主要有哪些？
7. 激光焊的内部缺陷有哪些？如何避免？
8. 什么是激光－电弧复合热源焊接技术？请简述其焊接原理。
9. 影响激光－电弧复合焊成形的因素有哪些？

第 4 章

机器人激光焊生产应用案例

4.1 激光钎焊在汽车生产中的应用

利用高能量密度的激光束作为热源,照射在填充钎焊丝表面上,钎焊丝在光束能量作用下熔化形成高温液态金属,并浸润到被焊零件连接处,与工件间形成良好的冶金结合。

激光钎焊中,相配零件通过填充材料或者钎料连接在一起。钎料的熔化温度低于母材的熔化温度,在钎焊过程中只有钎料被熔化,相配零件仅被加热。钎料熔化流入到零件之间的缺口并与工件表面结合(扩散结合)。

激光焊一般不填充焊丝,但对焊件装配间隙要求很高,实际生产中有时很难保证,限制了其应用范围。采用填丝激光焊,可大大降低对装配间隙的要求。例如板厚 2mm 的铝合金板,如不采用填充焊丝,板材间隙必须为零才能获得良好的成形,如采用 ϕ1.6mm 的焊丝作为填充金属,即使间隙增至 1.0mm,也可保证焊缝良好的成形。此外,填充焊丝还可以调整化学成分或进行厚板多层焊。【参见教学资源包(一)6.激光焊在汽车行业的应用培训课件 PPT】

激光焊过程中产生的金属蒸气和保护气体,在激光作用下会发生电离,从而在小孔内部和上方形成等离子体。等离子体对激光有吸收、折射和散射作用,因此一般来说熔池上方的等离子体会削弱到达工件的激光能量,并影响光束的聚焦效果、对焊接不利。通常可附加侧吹非活性气体,如氦气、氩气等驱除或削弱等离子体。钎焊原理如图 4-1 所示。

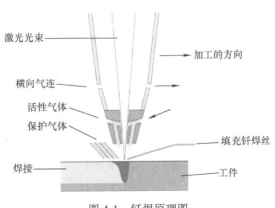

图 4-1 钎焊原理图

图 4-1 中，活性气体和保护气体在焊接过程中辅助激光束。填充材料通常以丝或者粉末添加到要被连接的点上。其作用如下：

1）填补过宽或不规则的缝隙，减少接缝准备所需的工作量。

2）填充物以特定形式的成分添加到熔融金属上，从而改变材料的焊接适用性、强度、耐久性和抗腐蚀性等。

钎焊接头强度和钎焊材料强度相同，接缝表面平滑清洁，无须精加工。激光焊在白车身生产中的主要应用形式有：顶盖激光钎焊、前端激光熔焊、车门激光熔焊、尾门激光钎焊、顶盖激光钎焊等。

4.1.1 激光钎焊系统构成及主要设备

1. 激光焊设备构成

以某汽车生产企业激光焊设备为例，主要由激光器（固体、气体、半导体）、导光系统、控制系统、工件装夹及运动系统等主要部件和光学元件的冷却系统、光学系统的保护装置、过程与质量的监控系统、工件上下料装置及安全装置等外围设备组成。

激光器构成如图 4-2 所示。

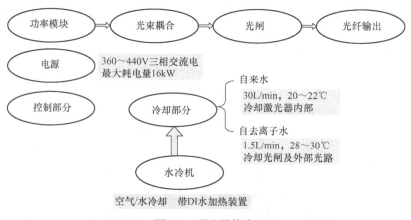

图 4-2 激光器构成

（1）激光器　用于激光焊的激光器主要有 CO_2 气体激光器和 YAG 固体激光器两种。CO_2 气体激光器功率大，是目前激光深熔焊主要采用的激光器，但从实际应用出发，在汽车领域，YAG 固体激光器的应用更广。随着科学技术的迅猛发展，半导体激光器的应用越加广泛，由于其具有占地面积小、功率大、冷却系统小、光可传导、备件更换频率和费用低等优点深受用户欢迎。

（2）光导和聚焦系统　光导和聚焦系统实现激光的传送、方向和焦点控制。光学镜片的状态对焊接质量有着非常重要的影响，因此要对光学镜片进行定期维护。

（3）焊接机器人　焊接机器人作为运动及控制系统，可精确控制激光焊轨迹，并携带自动跟踪系统，保证焊接质量稳定、可靠。

2. 激光安全防护系统

应用于车身焊接的激光功率较大，在工作中不可避免地会产生散射、折射等现象，甚至发生设备故障,这些对人体有危害。所以一般工厂都会在激光焊的工位搭建一个封闭的焊接室,防护等级必须达到激光安全标准 Class 4 级,避免激光泄露对人体造成伤害。当激光光束在工作时,焊接室内不允许有人。激光安全防护系统构成如图 4-3 所示。

激光安全防护系统构成须具有如下特点:

(1)全铝材质激光防护房,反光性好。

(2)安全门正常关闭时,才允许出光。

(3)通过检测机器人位置开关,限制出光区域。

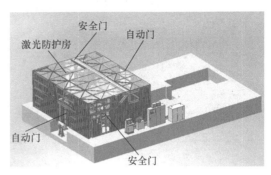

图 4-3　激光安全防护系统构成

注意: 不要通过安全门上的防护玻璃直视激光束!

当安装的激光焊除尘系统处于不良状态时,致癌的气体和颗粒不能被有效排出,可能会通过呼吸系统进入到人体内,调试时请佩戴口罩!

(4)进入激光房操作步骤

1)按下"岛循环停止"按钮。

2)岛停止指示灯按钮点亮。

3)打开门销。

4)挂锁,进入激光房。

激光房安全操作系统如图 4-4 所示。

激光发生器及控制系统如图 4-5 所示。

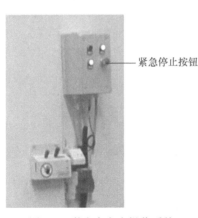

图 4-4　激光房安全操作系统

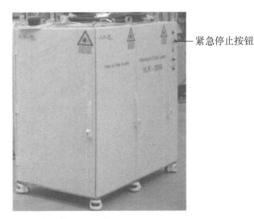

图 4-5　激光发生器及控制系统

注意: 紧急情况下使用紧急停止按钮中断工位的操作。

3. 钎焊焊接头

钎焊焊接头如图 4-6 所示。

钎焊焊接头光路及构成如图 4-7 所示。

激光头各部分名称及功能如图 4-8 所示。

图 4-6 钎焊焊接头

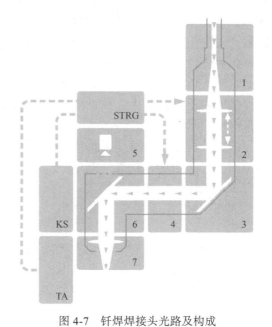

图 4-7 钎焊焊接头光路及构成

1—耦合 2—准直 3—反射 4—传输 5—反射（半透半反） 6—摄像头 7—聚焦
KS—力传感器 TA—伸缩臂 STRG—控制模块

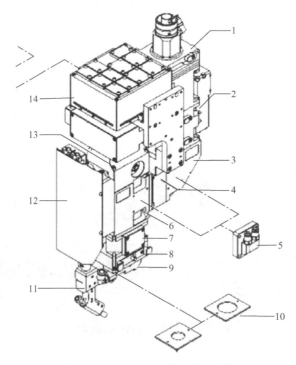

图 4-8 激光头各部分名称及功能

1—光纤耦合模块 2—准直及自动聚焦模块 3、6—偏向的组件（90°） 4—旋转中心轴 SA
5—冷却组件 7—光学组件（可调） 8—保护镜片组件 9—气帘 10—气帘过滤挡板
11—焊丝引导模块 12—伸缩臂 TA 13—摄像头模块 14—控制模块

与激光头相接的连接器及防碰撞传感器部分构成及名称如图 4-9 所示。

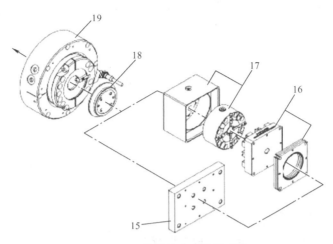

图 4-9 连接器及防碰撞传感器

15—连接块 16—工具的定位 17—快速夹紧 18—碰撞开关调节器 19—防碰撞传感器

钎焊焊接头具有的功能如下：

功能一：自动对焦

激光线束被连接到活动臂 TA 处，始终保持工件表面的激光光斑大小不变。移动范围：±5mm，如图 4-10 所示。

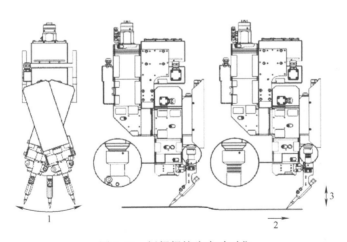

图 4-10 钎焊焊接头自动对焦

功能二：焊缝跟踪

钎焊丝被保持在与焊接面垂直的位置上，给焊丝附加一个力，使其跟踪 y 向的波动，钎焊焊接头焊缝跟踪系统如图 4-11 所示。

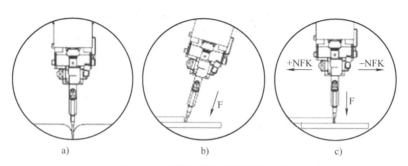

图 4-11 钎焊焊接头焊缝跟踪系统

注：图中 ±NFK 是激光钎焊头沿正、负方向移动标识；F 是激光束方向。

4.1.2 激光钎焊对产品及冲压件的要求

1. 对冲压件的基本要求

针对激光钎焊的特性，对冲压件的基本要求如下：

1）侧围与顶盖的贴合间隙小于 0.3mm。

2）$X±1$mm（起收弧），$Y±1.5$mm，$Z±2$mm。

2. 侧围外板

1）激光焊缝位置 Z 向 ±4mm 范围内，务须尽量平整，过渡均匀，不能有明显局部凸起。

2）侧围外板在总成位置度要求：Y 面位置度 ±0.5mm，面轮廓度 0.6mm，两端到中间分别要求面轮廓度 0.4mm；焊接表面接刀痕台阶高差 <0.2mm。

3. 顶盖

与侧围外板贴合区域为主要功能面（Y 面位置度 ±0.5mm，面轮廓度 0.6mm，两端到中间分别要求面轮廓度 0.4mm；表面接刀痕台阶高差 <0.2mm）。

4. 车身顶盖与侧围清洁工序

顶盖上件前对焊接面擦拭，侧围进入顶盖预装工位前对激光焊接面擦拭。

4.1.3 激光钎焊质量的影响因素及缺陷成因

1. 激光钎焊质量的影响因素及缺陷成因

激光钎焊质量的影响因素及缺陷成因如图 4-12 所示。

为了在使用激光钎焊时满足质量方面的要求，需要对加工过程进行调整的每个环节都十分仔细地进行操作。

2. 激光钎焊质量的影响因素

要实现"用激光来进行焊接"的加工过程，需要有许许多多的参数一起发挥作用。与其他加工方法相比，激光钎焊中的每个有影响参数的公差范围都非常小。要求如此苛刻，不仅是有激光钎焊本身的加工要求，如需要热影响区小和钎焊速度快等决定的，还因为所要进行的是一种复杂的三维焊缝加工以及有着较高的表面质量要求。影响激光钎焊质量的因素如下：

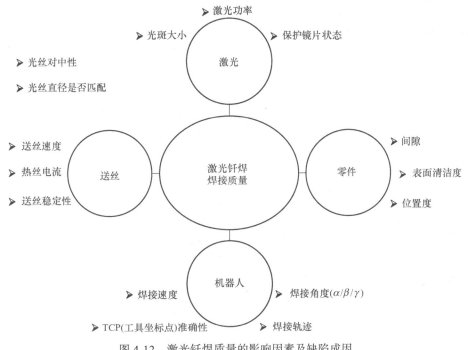

图 4-12 激光钎焊质量的影响因素及缺陷成因

（1）激光设备的参数 激光功率、聚焦位置、焦点大小、加工速度。

（2）钎焊丝特有的参数 钎焊丝进给速度、钎焊丝预热电流、冲角大小、钎焊丝预应力。

（3）工件几何参数 焊接板材间隙、要求的焊缝截面、表面质量。

（4）其他影响 焊接板材材料，保护气，机器人的引导精度。

1）焊接板材材料的影响。聚焦在工件上的激光能量只有很小的一部分被焊接板材材料所吸收，大部分被反射掉了。激光波长与不同板材材料的吸收率之间存在一定关系，固体激光器产生的激光波的吸收率对于钢铁材料大约为35%，对于铜材料为4%。这就解释了为什么必须对钢铁材料用电流进行预热。随着温度的升高，吸收率也随之上升。

2）冲角。在钎焊丝与部件的过渡处形成了一个由电流回路通过的电阻，加热钎焊丝的热量就是由这个电阻产生的。在钎焊丝被激光烧熔前必须要与部件相接触，所以钎焊丝在运动到激光焦点前就已经碰上加工件了。在这个位置上激光的能量还不足以把钎焊丝熔化掉，然后钎焊丝被顺着钎焊缝输送到焦点处，在那里被熔化掉。由此可以保证钎焊丝与焦点中心一直保持接触。为了让钎焊丝被压弯，必须要让钎焊丝在所有的焊缝位置保持一个大的冲角，大于40°的冲角已被证实是可靠的。

3）钎焊丝预热电流。如果在激光钎焊加工过程中出现飞溅的现象，那就说明加热电流已经到了最高上限，钎焊丝熔化得太早。如果焊缝的质量比较差，那就说明加热电流在下限范围里，也就是说焊缝表面越来越粗糙。原则上应该在加工过程中尽可能使用大电流。

4）聚焦焦点。激光能量必须通过聚焦集中到加工点上，由此一部分激光能量被钎焊丝吸收了，一部分被加工件吸收了。实践经验表明，焦点中大约50%的能量被用于加热周边区域。此外，还要考虑最大的加工间隙尺寸，当焦点的直径太小时，焊缝呈微红色，表面十分不均匀，有强烈的飞溅倾向，并且在加工件背面看不到焊缝的起头痕迹。太多的激光能量被集中在了钎焊丝上，因此使钎焊丝变得过热。而同时加工件的侧边却没有得到足够的加热，这样钎焊丝就不容易流到加工件的缝隙中去。

5）焊接速度。除以上因素以外，激光钎焊加工过程还受到焊接镜组的移动速度以及钎焊丝进给速度的影响。所以必需的钎焊丝量由所要求的焊缝面积与待加工件的焊缝长度来决定，钎焊丝单位时间的供给量由钎焊丝的进给速度与钎焊丝的截面积来确定。这些参数值必须与焊接镜组的移动速度协调一致，这样才能保证必要的钎焊丝量。在实际使用中，例如某汽车车顶钎焊，相对焊接镜组的移动速度来说，钎焊丝进给速度取得高一点更符合要求。因为这样就会产生少量的钎焊丝过剩，减小了由于钎焊丝速度不均匀而造成毛孔的危险，而且也保证了必须要达到的焊缝截面积。

由于激光钎焊的激光能量是受限制的，所以焊接镜组的移动速度也同样受限制。在速度较高的情况下，相对理论轨迹的机器人运行偏差也会因此而变大；运行的速度越快，加工过程对外界干扰的敏感度也就越大。

6）其他。由于与钎焊丝的直径和接缝的宽度相比，钎焊焦点相对较小，所以设备中每一个元件的精度都关系重大。具体来说，其中包括夹紧机构的重复精度、机器人的引导精度、机器人上部件安装点的精度以及各部件的公差大小，这些都应该在考虑的范畴之内。

激光钎焊缺陷类型及形成原因：

由于激光钎焊加工过程的复杂性以及众多的影响因素，当出现加工质量下降时，大多数情况下无法用一个原因来解释，但加工轨迹的开始和结尾段通常被认为是最为关键的部分。为了在使用激光钎焊时满足质量方面的要求，必须对加工过程进行调整的每个环节都十分仔细地进行操作。

3. 焊接缺陷种类、原因及对策

（1）种类　在实际生产中，缺陷影响区域按大小可以分成不同种类：

1）持续性缺陷：它存在于整个激光钎焊加工过程中。对此，并不是说整段的焊缝都有缺陷，而是缺陷以不为人知的规律重复出现在焊缝中。

2）局部缺陷：局部缺陷重复出现在同一个焊缝位置，它的影响范围有限。

3）易发生问题的区域：焊缝的某些区域，如焊缝开头和焊缝结尾，同样还有板材上的斜面区域，都是特别容易出现问题的区域。

（2）按缺陷表面特征分类

1）微小气孔：当气孔的直径小于 0.2mm 时，就是微小气孔。

2）气孔：正常气孔（比微小气孔大）的直径最大不超过 1.0mm。

3）空洞/焊缝中断：如果气孔的直径大于 1.0mm，就被称为空洞。

4）熔焊型焊缝：在焊缝中没有钎焊丝，焊缝的样子就像是激光熔焊焊缝。

5）低劣的钎焊丝连接：钎焊丝未在加工件的侧面连接起来。在焊缝连接的位置处，焊缝看起来"散成一缕缕地"。

6）钎焊丝的单面连接：钎焊丝只与一个侧面连接了起来。

7）香肠现象：加工件没有连接起来，在焊缝处钎焊丝笔直地伸展堆积。

8）焊缝不规则：焊缝塌陷或凸起。

9）鳞状堆积：焊缝表面不光滑，显得很粗糙。

10）焊缝开头/焊缝结尾：在加工件的边缘会出现焊缝填充不足或过剩的现象，或者是在轨迹上发现有未熔化的钎焊丝残余。

（3）质量缺陷造成的原因及对策

1）错误的工作距离：TCP（工具坐标点）错了或是程序编制有错误。

2）焦点侧面的位置错了，或者是TCP垂直于光束轴方向的位置错了，或者是程序编制有错误。

3）钎焊丝校准：钎焊丝没有穿过焦点中心。

4）钎焊丝温度：钎焊丝预热温度错误。

5）钎焊丝的材料：钎焊丝材料的合金成分改变了。

6）激光功率：弄脏了的保护玻璃或激光器中老化的弧光灯都会降低激光的功率。

7）漏气：保护气体流量减少或管路内漏气。

8）间隙尺寸：部件之间的间隙尺寸在变化。

9）钎焊丝进给速度：钎焊丝进给的速度不恒定或者是与焊接镜组的移动速度不相符。

10）机器人的速度：由程序所给定的进给速度是错误的或者是机器人速度出现波动。

11）时间的控制：可能是计算时间的问题，激光器和钎焊丝进给机构的开关点可能与加工过程不相符。

（4）钎焊焊缝的尺寸要素　以某企业白车身侧围板焊接生产为例，合格的钎焊焊缝尺寸要素如下：

1）焊缝呈下凹趋势，没有鼓起。

2）焊缝表面平整光滑。

3）焊缝本身有过渡均匀的纹路。

钎焊焊缝的尺寸要素如图4-13所示。

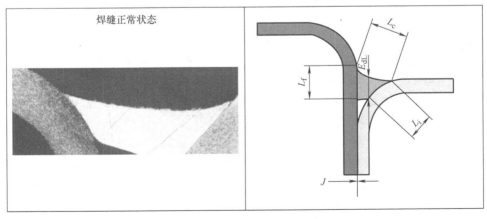

图4-13　钎焊焊缝的尺寸要素

图中：E_{dL}（钎焊焊缝厚度）>0.5mm；L_c>2mm；L_i>0.5mm；L_f>0.5mm，激光钎焊效果：合格的钎焊焊缝效果如图4-14所示。

图 4-14 激光钎焊焊缝效果

4.1.4 汽车顶盖机器人激光钎焊

随着激光焊技术的不断发展和成熟，其强大的技术优势、成本优势越来越受到汽车生产厂家的欢迎。以某汽车生产企业为例，汽车焊装生产线激光焊的成功应用，为该企业实现优质高效的生产目标奠定了坚实基础，如图 4-15 所示。

1. 汽车顶盖激光钎焊设备基本构成

汽车顶盖激光钎焊的原理是由激光发生器发出的激光束，聚焦在钎焊焊丝表面上加热，使钎焊丝受热熔化，润湿车身上的钢板，填充钢板接头的间隙，形成焊缝，最终实现良好的连接。焊接后形成钎焊丝与钢板之间的钎焊连接，钎焊丝与钢板分别为不同元素，其形成的焊接层，为两种不同元素高温后熔合形成的。相比于传统的点焊，这种焊接方式焊接质量更好，速度更快，焊接部位强度更高。激光钎焊示意图如图 4-16 所示。

图 4-15 某企业汽车车身焊装线

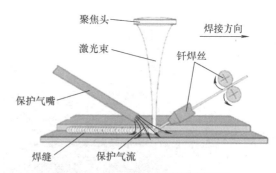

图 4-16 汽车顶盖激光钎焊示意图

作为大批量工业生产激光钎焊设备核心的激光发生器，需要满足设备可靠、工艺稳定、模块设计灵活方便的特点。激光焊设备须设置封闭的特殊隔离房，进行安全防护，装置除尘系统，使用净化水进行循环冷却，使用光纤快速接头进行切换维护。激光焊设备之间进行网络通信，及时有效地进行工艺调整。

激光钎焊系统由 PLC 控制柜（主控可编程序逻辑控制器）、激光焊机器人、焊接头、送丝机构、激光器、搬运机器人、激光房、工装夹具等部分组成，如图 4-17 所示。

a) PLC控制柜　　　b) 激光焊机器人　　　c) 焊接头及送丝机构　　　d) 送丝控制器

图 4-17　机器人激光钎焊系统

某企业激光钎焊系统的激光发生器采用了德国 IPG 公司 4000W 光纤激光器，配备 LaserNet 控制软件，可自行控制激光器的各种参数，并可对输出激光进行波形控制，实现对激光器的远程控制。激光发生器严格密封，有严密的安全防护系统，能防止可能发生的激光辐射对工作人员造成的身体伤害，如图 4-18 所示。

采用德国 KUKA 公司的 KUKA/KR420 机器人，承重超过 420kg，负责顶盖定位工装夹具的搬运，如图 4-19 所示。

a) 光纤激光器　　　b) 光缆传输安全防护系统

图 4-18　光纤激光器及传输　　　　　　　图 4-19　搬运机器人

2. 汽车顶盖机器人激光钎焊夹具系统

夹具系统是汽车顶盖机器人激光钎焊中的重要组成部分，包括：顶盖定位夹具、底板定位夹具及固定顶盖激光焊夹具的龙门架。夹具系统在激光房内预留空间，可以满足多种车型顶盖激光焊的焊接空间要求，如图 4-20 所示。

a)　　　　　　　　　b)

图 4-20　激光焊夹具系统

激光焊过程中需要对焊接钢板进行足够稳固的夹紧，所以会设计专门的夹具。激光焊夹具体积庞大、结构复杂，整体为框式结构，左右车身两侧用夹具型块顶住，定位支撑好以后用气缸夹紧。上部设计专门的汽车顶盖激光钎焊定位压紧抓具，使用多个压紧头进行压紧，用机器人抓住顶盖，摆放在车身上，用气缸夹紧，让车身钢板需要焊接的边沿贴合足够紧密，如图4-21所示。

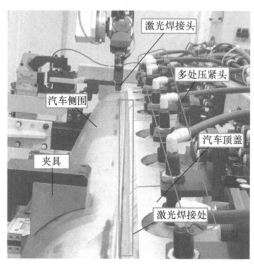

图4-21　使用多个压紧头进行压紧

由于激光焊所产生的激光对人体有一定的伤害，因此所有的反射和散射的激光都需要被封闭在激光焊车间内，激光房墙壁材质要具有很好的反光效应或吸光效应。一般的激光焊间选用铝制或者带涂层的钢制，而以铝材质的反光特性为优。操作工装配或者车身自动输入和输出的安全门及安全光栅，用于维修和调试进出的门，激光房监控器2套（含液晶监视器和摄像头），墙体拼合板为铝合金材料。

激光房设置有两个安全门，供人员及设备出入。安全门的软硬件严格按照设计标准完成，可对安全门的状态及机器人的作业情况进行实时监控。安全门未正常关闭时，激光源无法出光；安全条件不满足时，安全门无法打开，如图4-22所示。

图4-22　激光房设置有两个安全门及实时监控设备

此外整个激光焊区域设置有5个紧急停止按钮，分别置于安全门旁（图4-23a）、激光房内部（图4-23b）、机器人示教器（图4-23c）、机器人控制柜（图4-23d）和PLC控制柜

（图 4-23e）。这些紧急停止按钮可以在紧急状态下停止工位设备的运行。

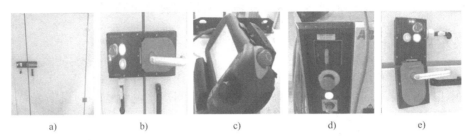

a)　　　　　b)　　　　　c)　　　　　d)　　　　　e)

图 4-23　紧急停止按钮设置点

3. 汽车顶盖激光钎焊工艺简介

激光钎焊是一项较为复杂的工艺，除了硬件设备，工艺调试也是核心技术。特别是激光光斑的位置、钎焊丝的送丝速度、激光光源的射入角度等工艺参数。一般来说激光光斑并不会完全集中在钎焊丝上，因为这样会对激光器光斑提出极高的要求，对应用于车身的激光钎焊来说既没有必要也不划算。一般情况是激光焊光斑约 2/3 的光斑照射在钎焊丝上，约 1/3 的光斑照射在车身钢板上。这样在钎焊丝熔合的同时车身钣金也进行了加热。激光光斑的照射位置将直接影响到焊接的质量。焊接断面如图 4-24 所示。

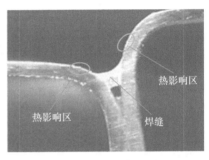

图 4-24　焊接断面图

加热后的车身钣金区既是激光钎焊的热影响区，对热影响区大小的调试，直接关系到激光钎焊焊缝的焊接质量。若光斑位置不满足，容易形成烧穿、虚焊等缺陷。此外，送丝速度不满足容易形成过烧和断焊，光源角度不满足容易产生激光反光逼停激光源等问题，因此，整个激光焊工艺都需要精准的调试，才能发挥出其作用。

为得到完整、外形美观、高质量的焊缝，进行长距离激光钎焊时，综合考虑焊接出丝数据、焊接机器人行走速度、激光光斑位置等工艺参数，一般分三段进行焊接，分别为起焊段、中间段、收焊段，每段应用对应的工艺参数，以保障焊接过程的优质和高效，如图 4-25 所示。

图 4-25　使用多个压紧头进行压紧

目前，汽车使用的白车身顶盖激光钎焊技术已经日趋完美，新车型的开发中逐步使用稳定、高效、成熟的焊接技术已经成为提高汽车质量的有效途径。

4.2 激光熔焊在白车身生产中的应用

汽车工业中，激光技术主要用于车身拼焊、焊接和零件焊接。其中激光拼焊是在车身设计制造中根据车身不同的设计和性能要求，选择不同规格的钢板，通过激光裁剪和拼装技术完成车身某一部位的制造。

激光拼焊具有减少零件和模具数量、减少点焊数目、优化材料用量、降低零件重量、降低成本和提高尺寸精度等优点。而激光焊主要用于车身框架结构的焊接，例如顶盖与侧面车身的焊接，传统焊接方法的电阻点焊已经逐渐被激光焊所代替。采用激光焊技术，工件连接处之间的接合面宽度可以减少，既降低了板材使用量也提高了车体的刚度。

激光熔焊是利用高能量密度的激光束作为热源，加热金属，使被焊金属被加热熔化形成焊缝，如图4-26所示。

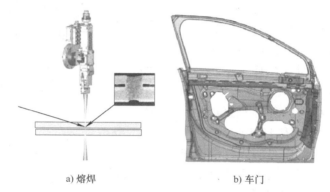

a) 熔焊　　　　　　　　b) 车门

图4-26　汽车零部件生产熔焊图示

【参见教学资源包（三）4.激光焊机器人焊接车门视频】

4.2.1　激光熔焊系统构成及主要设备

激光熔焊系统主要设备包括：激光器、机器人、焊接头（熔焊）、工艺控制柜等。

1. 焊接头

熔焊焊接头构成及各部件名称如图4-27所示。

2. 光学路径

导光聚焦系统由圆偏振镜、扩束镜、反射镜或光纤、聚焦镜等组成，实现改变光束偏振状态、方向，传输光束和聚焦的功能，这些光学零件的状况对激光焊质量有极其重要的影响。在大功率激光作用下，光学部件，尤其是透镜性能会劣化，使透过率下降；产生热透镜效应（透镜受热膨胀焦距缩短）；表面污染也会增加传输损耗。所以光学部件的质量，维护和工作状态监测对保证焊接质量至关重要。熔焊焊接头光学路径如图4-28所示。

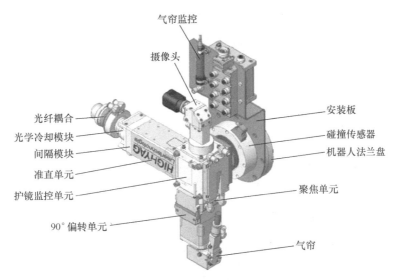

图 4-27　熔焊焊接头构成及各部件名称

4.2.2　激光熔焊对产品及冲压件的要求

激光熔焊对产品及冲压件的要求如下：

1）裸板焊接，仅需夹紧后贴合即可。

2）对镀锌板，需要保证2层钢板留有0.2mm间隙。

对熔焊，需要保证焊缝法线方向的位置精度约1mm（根据设备工艺、设备特性而定），如图4-29所示。

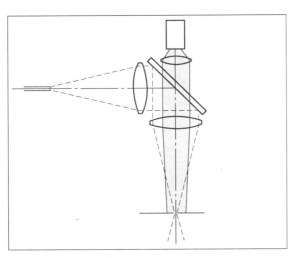

图 4-28　熔焊焊接头光学路径

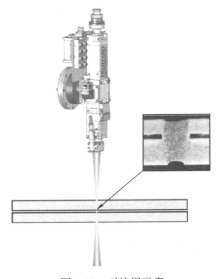

图 4-29　对熔焊示意

【参见教学资源包（三）5.机器人激光焊＋变位视频】

上、下板夹紧后贴合，如图4-30所示。

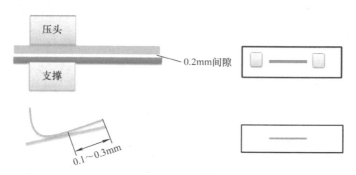

图 4-30　上、下板夹紧后间隙示意

4.2.3　影响激光熔焊质量的因素

影响激光熔焊焊接质量的因素如图 4-31 所示。

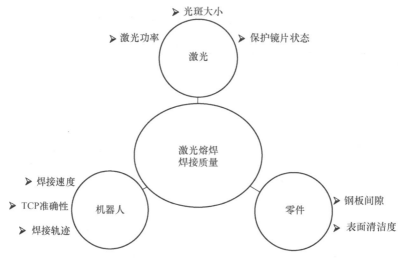

图 4-31　影响激光熔焊焊接质量的因素

【参见教学资源包（三）6.汽车车身机器人激光焊仿真视频】

4.2.4　激光熔焊主要工艺指标

以某企业车门焊接为例，激光熔焊工艺内容如下。

1. 焊缝特性

1）长度：最小 30mm。

2）焊缝起止和终止位置：±5mm。

3）位置公差差 / 钢板边：最小 1mm 和最大 3mm。

4）过烧：钢板厚度 < 50%。

2. 焊缝合格条件

1）单一缺陷 <2mm：最大为长度的 30%。

2）单一缺陷总数 < 2：最大为长度的 30%。

3）焊缝凸点：<1mm。

3. 焊缝不合格条件

（1）焊缝不合格（焊透不足、上部钢板烧穿、缺陷长度≥10mm、焊接飞溅>2mm、焊缝距离钢板边>3mm）。

（2）过烧：钢板厚度<50%。

（3）焊缝凸点：<1mm。

复习思考题

1. 针对激光钎焊的特性，对冲压件有哪些基本要求？
2. 分析激光钎焊质量的影响因素及缺陷成因有哪些？
3. 影响激光熔焊质量的因素有哪些？以车门为例，评定焊缝是否合格的条件有哪些？
4. 简述填充焊丝激光焊的特点及应用？

第 5 章 激光切割技术

5.1 概述

5.1.1 激光切割的原理及特点

1. 激光切割的原理

激光切割是用聚焦镜将激光束聚焦在割件表面使材料熔化,同时用与激光束同轴的压缩气体吹走被熔化的材料,并使激光束与割件沿一定轨迹相对运动,从而形成一定形状的切口。激光切割的原理如图 5-1 所示。

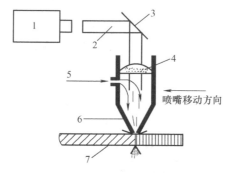

图 5-1 激光切割原理

1—激光器 2—激光束 3—反光镜 4—聚焦镜 5—辅助气体 6—喷嘴 7—割件

【参见教学资源包(一)7.激光切割原理、设备及工艺参数 PPT】

2. 激光切割的分类

激光切割可分为激光熔化切割、激光气化切割、激光氧气切割、激光划片与控制断裂四类。

(1)激光熔化切割 激光熔化切割与激光深熔焊相类似,利用激光进行加热,使金属材料熔化,然后通过与激光束同轴的喷嘴喷出非氧化性气体(Ar、He、N_2 等),借助喷射气流将液态金属吹除,形成切口。

激光熔化切割主要用于不易氧化的材料或活性金属的切割,如不锈钢、钛及钛合金、铝及铝合金等材料。

（2）激光气化切割　利用高功率密度的激光束加热割件表面，使温度迅速上升，在非常短的时间内达到材料的沸点，材料开始迅速气化，一部分材料化为蒸气散发；另一部分作为液态、固态颗粒喷出物从切口底部被吹走，形成切口。材料的气化热一般很大，所以激光气化切割时需要很高的功率和功率密度，是激光熔化切割的10倍。

激光气化切割多用于极薄金属材料和非金属材料，如纸、布、木材、塑料和橡胶等。

（3）激光氧气切割　激光氧气切割的原理类似于氧乙炔切割。利用激光束作为预热热源，用氧气等活性气体作为切割气体。喷出的气体一方面与切割金属作用，发生氧化反应，放出大量的氧化热，加热下一层金属，使金属继续氧化；另一方面把熔融氧化物和熔化物从反应区吹出，形成切口。由于切割过程中的氧化反应产生了大量的热，所以激光氧气切割所需要的能量只是激光熔化切割的1/2，而切割速度远远大于激光气化切割和激光熔化切割。

激光氧气切割适用于能被氧化的材料，如铁基合金，以及钛、铝等非铁金属材料。

（4）激光划片与控制断裂　激光划片是利用高能量密度的激光束在脆性材料表面进行扫描，使材料受热蒸发出一条小槽，或者一系列小孔，然后施加一定压力，脆性材料就会沿小槽或小孔处裂开。控制断裂是利用激光束加热刻槽的同时，由于加热引起热梯度，在脆性材料中产生局部热应力，使材料沿小槽断开。激光划片与控制断裂适用于脆性材料的切割，如石材、陶瓷、玻璃、铸铁等。

3. 激光切割的特点

（1）优点

1）切割质量好。激光束光斑小，能量集中，基本没有工件热变形，而且切口窄（切口宽度一般为0.10～0.20mm）、切割面光滑、无毛刺和挂渣，完全避免了材料冲剪时形成的塌边，切口一般不需要二次加工。

2）切割速度快，精度高。激光束犹如一把利刀，它的光斑小，能量集中，切割速度可达10m/min，比线切割的速度快得多。

3）不损伤工件。激光切割属于非接触式切割，激光切割头不会与材料表面相接触，保证不会划伤工件，切割时噪声小、污染小。

4）不受割件的材料硬度和形状影响。激光可以对不锈钢、铝合金、硬质合金等材料进行加工，不管什么样的硬度，都可以进行切割。激光切割加工柔性好，可以加工出任意图形，可以切割中、小厚度管材及其他异形型材。

5）可以对非金属材料进行切割加工。包括塑料、木材、PVC、皮革、纺织品、有机玻璃等。

6）节省材料、降低成本。可以整板编排，实施套裁切割，省工节料。

7）提高新产品开发速度。产品图样设计完成后，马上可以进行激光加工，在最短的时间内得到新产品的实物。

（2）缺点

1）受激光器功率和设备体积的限制，激光切割只能切割中、小厚度的板材和管材，而且随着厚度的增加，切割速度明显下降。

2）激光切割设备价格高，一次性投资大。

4. 激光切割的应用

激光切割的应用领域非常广泛，例如，汽车制造领域中，在汽车样车和小批量生产中大量使用三维激光切割机；对普通铝、不锈钢等薄板、带材，应用激光切割，其切割速度已达 10m/min，不仅大幅度缩短了生产准备周期，并且使车间生产实现了柔性化；在航空航天领域，激光切割主要用于特种航空材料的切割，如钛合金、铝合金、镍合金、铬合金、氧化铍及复合材料等。用激光切割加工的航空航天零部件有发动机火焰筒、钛合金薄壁机匣、飞机框架、钛合金蒙皮、机翼长桁、尾翼壁板、直升机主旋翼等。激光切割技术在非金属材料领域也有着较为广泛的应用，不仅可以切割硬度高、脆性大的材料，如氮化硅、陶瓷、石英等，还能切割柔性材料，如布料、纸张、塑料板、橡胶等。例如服装生产中的布料，如果用激光进行服装套裁，可节约布料 10%～20%，提高生产率 3 倍以上。

5.1.2 激光切割的设备

激光切割设备主要由激光器、激光导光系统、数控运动系统、割炬等组成。

1. 激光器

激光器有固体激光器、气体激光器和光纤激光器等。早期的 CO_2 激光器主要是一个产生激光的混合气体循环流动的管子，它是在高压电流激励下产生激光的元件，当在电极加上高压电流时，放电管中产生辉光放电，释放出激光。

2. 激光导光系统

激光导光系统主要由反射镜和可调聚焦镜组成。反射镜的主要作用是激光束的传导，把激光束平行传送到需要加工的位置，这是一个光路飞行的过程。聚焦镜主要是为了实现激光束能量的集中，把光量集中垂直传送到割件表面。

（1）反射镜 一般由金属制作（金属导热性能优良，且不易损坏），表面电镀一层对激光具有强反射性的金属物质，如金、银、钼、铜等，其中金的反射效果最好。

（2）聚焦镜 使激光束透过镜片并聚焦，能使激光束的能量聚集到一点，聚焦的点越小，能量就越集中。

3. 数控运动系统

利用计算机对整个激光切割设备进行控制和调节，如控制激光器输出的功率、对激光加工质量进行监控等；对整个切割参数和加工参数进行控制，控制工作台的运动，并调节割炬的移动方向。割炬与工件的相对移动有三种情况：

1）割炬不动，工作台带动工件运动，主要用于尺寸较小的工件。
2）工件不动，割炬移动。
3）割炬和工作台同时运动。

数控运动系统是激光切割设备的重要组成部分，是控制的核心，其作用是确保加工的质量和精度。

4. 割炬

割炬主要包括枪体、反射镜、聚焦镜和喷嘴等零件。激光割炬的结构如图 5-2 所示。

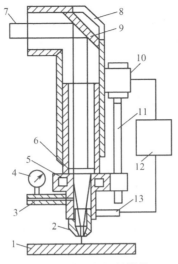

图 5-2 激光割炬的结构

1—工件 2—喷嘴 3—氧气进气管 4—氧气压力表 5—聚焦镜冷却水套 6—聚焦镜 7—激光束 8—反射镜冷却水套 9—反射镜 10—伺服电动机 11—滚珠丝杠 12—放大控制及驱动电器 13—位置传感器

【参见教学资源包（一）8.激光切割技术及应用PPT】

激光切割时，割炬必须满足下列要求：

1）割炬能够喷射出足够的气流。

2）割炬内气体的喷射方向必须和反射镜的光轴同轴。

3）割炬的透镜焦距能够方便地调节。

4）切割时，能保证金属蒸气和切割金属的飞溅物不会损伤反射镜。

激光切割时，割炬割嘴用于向切割区喷射辅助气体，其结构、形状对切割效率和切割质量有一定的影响。喷孔形状的选择一般由割件的材质和厚度、辅助气压等决定。

5.1.3 激光切割参数

激光切割的主要参数：激光切割功率和切割速度、透镜焦距和焦点位置、喷嘴的形状和喷嘴到工件表面的距离、辅助气体种类和压力等。

1. 激光切割功率与切割速度

切割速度是一个重要的切割参数。切割时需要根据激光器功率、喷气压力和工件厚度确定切割速度，它随激光器功率和喷气压力增大而增大，而随工件厚度增大而减小。例如，切割 6mm 碳钢板时切割速度为 2.5m/min，切割 12mm 碳钢板时切割速度为 0.8m/min。

2. 透镜焦距和焦点位置（离焦量）

透镜焦距小，功率密度高，但焦深不大，适于薄件高速切割；透镜焦距大，功率密度低，但焦深大，适于厚件低速切割。离焦量对切口宽度的影响如图 5-3 所示。一般选择焦点位于工件表面下方 1/3 板厚处，此时切口宽度最小。

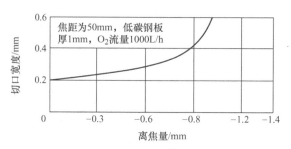

图 5-3　离焦量对切口宽度的影响

3. 喷嘴的形状和喷嘴到工件的距离

（1）喷嘴形状的选择　喷嘴的形状和大小是影响激光切割质量和切割效率的重要参数，不同的切割方法所选用的喷嘴形状也不同，如图 5-4 所示是常见的激光氧气切割用喷嘴的形状。

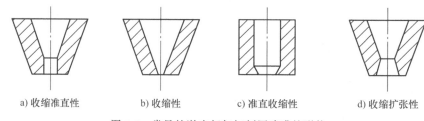

　　a) 收缩准直性　　　　b) 收缩性　　　　c) 准直收缩性　　　　d) 收缩扩张性

图 5-4　常见的激光氧气切割用喷嘴的形状

【参见教学资源包（四）1. 激光打标产品视频】

（2）喷嘴到工件表面的距离　喷嘴离工件表面太近，影响对溅散熔渣的吹除能力，但喷嘴离工件表面太远，也会造成不必要的能量损失。为保证切割的稳定性，一般控制喷嘴端面至工件表面的距离为 0.5～2mm。

4. 辅助气体的种类和气体压力

用氧气作为辅助气体切割低碳钢时，利用剧烈的氧化反应产生大量的热量，提高切割速度和增大切割厚度，并且可以获得无挂渣的切口；切割不锈钢时，常使用氧气和氮气的混合气体，比单用氧气时切口质量好。

气体压力增大，排渣能力增强，可使切割速度增大；但压力过大，切割面反而会粗糙。

激光切割的主要参数及特点见表 5-1。

表 5-1　激光切割的主要参数及特点

工件材料	工件厚度 /mm	激光器功率 /W	切割速度 / (cm/min)	切割气体	特点及应用
99% 刚玉陶瓷	0.7	8	30	—	
晶体石英	0.81	3	60	—	控制断裂
铁氧体片	0.2	2.5	114	—	
蓝宝石	1.2	12	7		

(续)

工件材料	工件厚度/mm	激光器功率/W	切割速度/(cm/min)	切割气体	特点及应用
石英管	—	500	400件/h	—	切割石英管时省料、切割质量好，适用于制造卤素灯管
布料	—	20～250	500～300	空气	切割布料时省料、切割质量好、效率高，可自锁边，可用于制造打字机色带、伞面、服装等
玻璃管	12.7	20000	460	空气	切割玻璃管时切割质量好，无刃具磨损
橡木	16	300	28	空气	切割木料时切割质量好、切口边缘整齐、节省材料，可用于家具制造
松木	50	200	12.5	空气	
硼环氧树脂板	8.1	15000	165	空气	切割硼环氧树脂板时效率高，无刃具磨损，可用于飞机零部件制造
低碳钢	1.5 3 1.0 6.0 16.25 35	300 300 1000 1000 4000 4000	300 200 900 100 114 50	氧气	切割质量好、省工省料，可代替铣、冲、剪，用于仪表板、换热器、汽车零件的制造
30CrMnSi	1.5 3.0 6.0	500 500 500	200 120 50	氧气	可代替铣、冲、剪，切割效率高、切割质量好，可用于飞机零部件制造
不锈钢	0.5 2.0 3.175 1.0 1.57 6.0 4.8 6.3 12	250 250 500 1000 1000 1000 2000 2000 2000	450 25 180 800 456 80 400 150 40	氧气	无切割变形、省料省工，可用于飞机零部件、直升机旋翼等制造
钛合金	3.0 8.0 10.0 40.0	250 250 250 250	1300 300 280 50	氧气	切割速度快、切割质量好，可代替铣削、磨削和化学腐刻等，省工、切割效率高，可用于飞机零部件制造
钛蒙皮铝蜂窝板	30.0	350	500	氧气	无切割变形、工件表面无损伤，切割速度快，可用于航空构件制造
双面涂塑钢板	0.5～2.0	350	300	氧气	省工省料，切割时不破坏表面涂塑层，可用于空调制造

5.2 连续激光切割

5.2.1 连续激光切割的特点

连续激光可用于各种材料的高效率切割，红外脉冲激光主要用于金属材料的精密切割,紫外脉冲激光主要用于薄板金属或非金属材料的精密切割。连续激光切割加工是激光加工应用的重要领域,能够切割加工各种金属和非金属。

1. 切割品质好

切口窄(一般为 0.1～0.5mm)、精度高(一般孔中心距误差 0.1～0.4mm,轮廓尺寸误差 0.1～0.5mm)、切口光洁度好(表面粗糙度值一般为 $Ra12.5～25\mu m$)。

2. 切割速度快、效率高

激光切割加工为无接触加工,惯性小,因此其加工速度快。

3. 热影响区小、几乎无变形

虽然激光照射加工部位的热量很大、温度很高,但照射光点很小,且光束移动速度快,所以其热影响区很小。

4. 清洁、安全、劳动强度低

由于激光切割自动化程度高,可以全封闭加工、无污染、噪声小,明显地改善了操作人员的工作环境。

5. 几乎可用于任何材料的切割

激光亮度高、方向性好,聚焦后的光点很小,能够产生极高的能量密度和功率密度,足以熔化任何金属,还可以加工非金属,特别适合于加工高硬度、高脆性及高熔点的其他方法难以加工的材料。

6. 不易受电磁干扰

激光加工不像电子束加工必须在真空中才能进行。

7. 激光束易于传送

通过外光路系统可以使激光束随意改变方向,甚至可通过光纤传输和数控机床、机器人连接起来,构成各种灵活的弹性加工系统。

8. 激光切割经济效益好

对于其他传统方法很难加工的材料,采用激光切割的优势更明显。

9. 节能和节省材料

由于激光切割的切口很窄,且为数控加工,可采用软件套排整板加工,可节省材料 15%～30%。

【参见教学资源包(四)2.激光切割产品视频】

5.2.2 连续激光切割的原理及分类

1. 连续激光切割原理

当激光功率超过一定阈值后,在材料被激光穿透前,熔化的材料在激光喷嘴吹出的气流的助推下被反向抛出,同时喷出物继续吸收激光能量,形成电浆,这些电浆对激光的吸收率很大,屏蔽了部分激光向材料表面的直接注入,使材料对激光的吸收减少,导致加热熔化时间变长,热影响区域变大,因此激光起始穿孔的口径较大。材料越厚,激光穿透的孔径越大。当材料被激光穿透后,以一定速度移动光束,则熔蚀前缘熔化的材料,在激光喷嘴吹出的气流的助推下被正向吹出,形成的电浆将在孔内(或切缝内),此时电浆进一步吸收的激光能量,将通过热传导传递到材料基体,这相当于增大了材料对激光的吸收率,而使加热熔化时间变短,热影响区域变小,切缝变窄。

2. 连续激光切割分类

(1)气化切割 当聚焦到材料表面的激光功率密度非常高时,与热传导相比,材料表面的温度上升极快,直接达到气化温度,而没有熔化产生。飞秒激光切割任何材料都属于气化切割,纳秒或连续激光切割只有在切割一些低气化温度的材料(如木材、碳素材料和某些塑料)时,才属于气化切割。

(2)氧助熔化切割 当激光切割金属材料时,若所吹辅助气体为氧气或含氧的混合气体,使被激光加热的金属材料产生氧化放热反应,这样在激光能量外就产生了另一个热源——金属化学反应产生的热能,且两种热能共同完成材料的熔化及切割,称之为氧助熔化切割。

(3)无氧熔化切割 当激光切割材料时,若所吹辅助气体为惰性气体,熔化的材料将不会与空气中的氧气接触,也就不会产生化学反应,故称为无氧熔化切割。

5.2.3 影响激光切割质量的因素

1. 原材料等对激光切割质量的影响

激光切割是利用激光束能量对材料进行热切割,并通过辅助气体将熔融的金属吹走而形成切割缝。激光切割时,把激光器作为光源,通过反射镜导光,聚焦镜聚焦光束,以很高的功率密度照射被加工的材料,材料吸收光量转变为热能,使材料熔化、气化,激光束就把材料穿透,激光束等速移动而产生连续切口。

影响激光切割质量的因素很多,这里,从原材料、程序编制以及加工过程参数控制和外界温度方面对切割质量的影响因素进行分析。

(1)原材料 原材料的状态直接影响激光切割的质量,原因在于材料的表面状态直接影响对光束的吸收,尤其是表面粗糙度和表面氧化层会造成表面吸收率的明显变化。对于锈蚀或者油污较严重的原材料,不仅会影响激光切割的速度,还会导致在切割的过程中出现爆孔或者切不断,切割断面粗糙或积瘤过大的现象。因此,在进行激光切割时必须保证待切割毛坯件表面无严重锈蚀或者油污现象,对于锈蚀或者油污过于严重的零件直接退回零件库或者供货方,锈蚀和油污较轻者,可由操作人员自行进行抛光打磨或者进行清洁油污的处理工作。

(2)程序编制 合理的加工路径可以提高激光切割的速度,保证产品的切割质量。激光切割程序的编制依靠专门的软件进行,目前应用较多的编程软件有PM-300和PM-200。自动编程软件受设备自身结构的限制以及所加工零部件外形特点的制约,自动生成的切割程序存在一定局限性,使机床在切割过程中,对切割尺寸刚好跨越主轴移动距离整数倍的零件,在切割衔接处会出现切口痕迹较深、积瘤过大等现象,严重影响零部件的外观质量。

因此,在程序的编制过程中工艺人员必须通过调整编程软件中的各类参数,对目标机器的参数以及子程序中主轴一次移动的有效距离根据不同的零件做合理的调整,来达到修改子程序参数的目的,实现最优化的切割路径,避免切割路径跨越主轴移动距离的整数倍,减少衔接处切口的产生,保证产品的外观质量。

(3)焦点位置 焦点位置直接影响切割断面的状态,依据所切割材料的不同可分为零焦距、负焦距和正焦距。当焦点处于最佳位置时,切口最小、效率最高,最佳切割速度可获得最佳切割结果。由于焦点处功率密度最高,大多数情况下,切割时焦点位置刚好处在工件表面,或稍微在表面以下。在整个切割过程中,确保焦点与工件相对位置恒定是获得稳定切割质量的重要条件。车架上零件多为厚板件(板材厚度达5～8mm),切幅要相对较宽些。在切割过程中,需要采用正焦距,即焦点要求在工件表面上,大多数情况下,焦点位置需距离切割工件表面1.5mm左右。

(4)切割喷嘴 切割喷嘴的作用一方面是为了防止熔渍等杂物往上反弹,穿过喷嘴后,污染聚焦镜片;另一方面是为了控制气体扩散的面积及大小,从而起到控制切割质量的作用。

喷嘴与工件间距直接影响喷嘴气流与工件切口的耦合。喷嘴口太靠近工件表面,对透镜会产生强烈的返回压力,对切割质量有不利影响,但距离太远又会造成不必要的动能损失,对有效切割也不利。一般来说,喷口与工件间距控制在1～2mm为宜,现代激光切割系统多是通过电容式传感器反馈装置,自动调节两者距离在预先设定的范围内。

喷嘴出口孔中心与激光束的同轴度是影响切割质量优劣的重要因素之一,工件越厚,影响越大。当喷嘴发生变形或有熔渍时,将直接影响同轴度。如果喷嘴与激光不同轴,将对切割质量产生影响。当辅助气体从喷嘴吹出时,气量不均匀,会出现一边有熔渍,另一边没有的现象。当切割3mm以下薄板时,它的影响较小,但当切割3mm以上的厚钢板时,影响较为严重,有时还会出现无法切透的现象。

综合以上原因,喷嘴应小心保存,避免碰伤从而造成变形。如果由于喷嘴的状况不良,从而需要改变切割时的各项条件,那就不如更换新的喷嘴。因此,必须定期对切割喷嘴的状态进行确定,发现存在磨损等现象要及时进行更换。

(5)切割速度 切割速度与被切割材料的密度(比重)和厚度成反比。适当的切割速度能够保证切割线条平稳,切割断面光滑过渡,并且工件的下半部没有熔渍产生。

切割速度如果过快,可能会造成以下后果:部分区域无法切透,即使切透也会造成斜尖角;整个切割断面粗糙;切割断面呈斜条纹路,工件下半部分产生过多熔渣。切割速度如果过慢,同样会影响切割效率,造成切割缝过宽,尖角部位整个熔化或者造成过熔现象,切割断面粗糙。因此,在实际的生产过程中必须通过现场观察切割火花的状态来判断切割速度的快慢。如果切割速度合适,激光切割的火花会由上往下均匀扩散;若火花向某一边倾斜,则证明切割速度太快;如果火花不扩散,并且聚集在一起,则说明速度太慢。这两种现象都需要及时对切割速度进行调整,从而保证产品的切割质量。

(6)切割辅助气体 一般情况下,激光切割过程都需要使用辅助气体,气体的选择必须根据切割零件的不同材质来确定。一般使用氧气切割普通碳钢,低压打孔,高压切割;使用空气切割非金属,低压和高压的压力可调为相同;使用氮气切割不锈钢等,低压打孔。

辅助气体主要用于从切割区吹掉熔渣以形成切口。激光切割对辅助气流的基本要求是进入切口的气流量大、速度高,以便有足够的动量将熔融材料喷射带出。辅助气体的纯度越高,切割的质量越好。对于车架上厚板件的切割,气体的纯度必须达到99.6%以上。如果切割用气体纯度不满足要求,不仅影响切割质量,而且会造成镜片的污染。

在确保辅助气体纯度的前提下,气体压力的大小也是极为重要的因素。辅助气体的压力如果不合适,也会对切割质量造成一定影响。如果压力不足,不仅在工件切割面处会产生熔渍,而且零件的切割速度无法增快,影响零件的切割效率;如果气体压力过大,气流过猛,会造成切割断面粗糙,切割缝较宽,而且还会导致切断部分熔化,无法形成良好的切割质量。

(7)激光功率 激光功率对切割过程和质量有决定性的影响。选择合适的切割功率进行切割,切割断面光滑良好,没有熔渍。如果切割功率不足,有可能出现无法切割或者切割后产生较大的熔渍;如果切割功率过大,切割断面容易出现熔化的现象。

(8)外界温度 外界温度同样会影响到零部件的切割质量,这一因素主要表现在夏季,尤其对激光器整体裸露在外,不封闭起来的设备。水冷机组只有在18~21℃的温度下才能够正常工作,夏季车间的温度可以高达32~33℃,水冷机组的温度很难下降,导致在切割的过程中时常会出现切割能量较低、光束少,从而出现切割不透的现象。因此,在开启设备之后需要对反射镜的冷却水路、激光器内部空调和热交换器、空压机周围空气质量进行检查,保证这些跟温度有关的因素均能够正常,才能够进行零件的切割。

综上所述,要保证激光切割机的切割质量,不仅要有合格的板材,最优的切割路径,而且还要有合理的切割参数。随着激光技术的不断成熟,激光加工技术会越来越多地应用于汽车行业以及其他制造与加工业中。

2. 工件特性及激光波长对切割质量的影响

工件特性及激光波长直接影响材料对光束能量的吸收率,而对激光能量的吸收是实现激光加工的前提,吸收率的大小决定着激光加工的能量利用率。一般非金属材料对紫外激光和10640nm的CO_2激光的吸收率很大,而对近红外输出的固体激光的吸收率,却因材料不同有很大变化。

3. 技术参数的影响

影响激光切割质量的主要技术参数,有喷嘴结构、气流、辅助气体、切割速度、焦点位置、焦点大小、景深、穿孔、程序设计等。

(1)气流与喷嘴 对气流的基本要求是进入切口的气流量要大,速度要高,以便有足够的动量将熔融材料喷射吹出,对于金属切割还要有足够的氧化气流,使切口材料充分进行放热反应。

(2)透镜焦距、焦点位置与切割质量

1)透镜焦距与切割品质:激光切割的优点之一,是光束能汇聚成很小的光点,获得极高的能量密度,从而切出一窄的切口,为此需要焦点光斑直径尽可能的小。一般大功率CO_2激光切割机中,广泛采用127~190mm的焦距,此时焦点光斑直径在0.1~0.4mm之间,焦深在5~8mm之间,需要控制焦点相对于被切割材料表面的位置不超过焦深值。

2)焦点位置与切割品质:焦点位置控制的好坏对于切口品质影响极大。对于6mm以内金属薄板的切割,焦点在材料表面上下一定范围内都可整洁(不粘熔渣)地切割。加工金属的激光切割机主要采用电容非接触式间隙传感器，跟踪精度在 0.01～0.1mm，标称间隙在 0.5～3mm，测量电极结构一般采用与喷嘴一体式结构或环式结构。切割品质与焦点位置的关系如图 5-5 所示。

切口宽度与焦点位置的关系如图 5-6 所示。

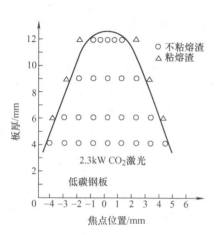

图 5-5 切割品质与焦点位置的关系

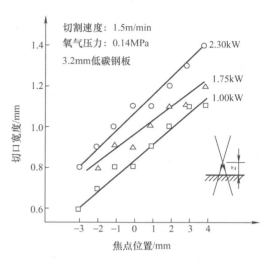

图 5-6 切口宽度与焦点位置的关系

3）焦点判断：

① 打印法：使切割头从上往下运动，在塑料板上进行激光束打印，打印直径最小处为焦点。

② 斜板法：水平等速推动斜放的塑料板，激光束的最小（切痕最小）处为焦点。

③ 蓝色火花法：去掉喷嘴，斜向吹高压空气，将脉冲激光打在不锈钢板上，使切割头从上往下运动，直至蓝色火花最大处为焦点。

4）焦点光斑的稳定方法：对于基模（TEM_{00} 模）激光，可视为理想的高斯光束，聚焦焦点的光斑尺寸 d_0 是与激光束的光斑尺寸 D 成反比的，即

$$d_0 = \frac{4\lambda}{\pi} \frac{f}{D} \tag{5-1}$$

对于大型飞行光路（指人为采取某些措施来改变激光的传输方向达到产品加工的需要）激光切割机，由于切割近端和切割远程光程长短会相差 2m 以上，聚焦前的光束尺寸就有较大差别，导致各处聚焦焦点的光斑尺寸有变化。入射光束的直径越大，焦点光斑的直径越小。

（3）切割穿孔技术　激光穿孔一般有两种方法：

1）脉冲穿孔：这是一种先进的穿孔方法，可以获得较小的穿孔直径。该方法适用于可以输出高峰值功率脉冲激光的连续激光器。由于每个激光脉冲只产生少量微粒喷射，因此厚板穿孔时间需要几秒钟。板材一旦穿透，立即加大气流，或将辅助气体换成氧气（对于金属切割），按一定轨迹移动光束进行切割。

2）爆破穿孔：当连续激光器没有高峰值功率脉冲激光输出时，采用爆破穿孔法。控制激光头移动到起始位置后停止运动，启动连续激光照射材料，使该点中心熔化形成一凹

坑，然后由与激光束同轴的气流很快将熔融材料去除（反向喷出），经过一定时间形成一孔洞。一般孔的大小与板厚有关，爆破穿孔平均直径为板厚的一半。

（4）切割速度　激光切割速度过低，则材料过烧，使切缝变宽，并使热影响区域显著增大。当激光切割速度过高时，则会使切口清渣不净，切口变得粗糙。可见若能保证恒定的最佳速度切割，效果最好。

（5）程序设计　加工程序的优劣，建立在大量技术实验的基础上，有丰富的经验才能编写出好的加工程序。而使用一个好的编程软件可以降低这方面的要求，因为好的CAD/CAM软件就是大量经验的总结，也是提高效率、节省时间、节省材料的有效方法。

4. 激光参数的影响

（1）激光功率对切割速度与切割质量的影响　激光功率增加，在其他条件不变时，切口宽度增加，实际上，激光功率增加，切割速度变大时切割质量仍然很好，切割速度范围也随之扩大。

切口宽度和激光功率的关系曲线如图5-7所示。

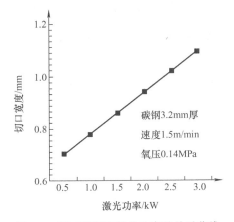

图5-7　切口宽度和激光功率的关系曲线

切割品质随功率与切割速度的变化曲线如图5-8所示。

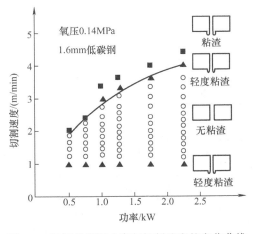

图5-8　切割品质随功率与切割速度的变化曲线

（2）激光模式及光束质量对切割质量的影响　激光切割应选用单模或准单模激光，多模激光只能用于热处理或焊接。由于单模激光不但可以聚焦到很小的焦点，使切口很窄，而且单模激光能量分布为中心对称，所以切割不同方向的切口质量相同。而多模激光的能量分布是不对称的，所以不同方向的切口宽度可能不均一，质量也可能不同。激光束质量的好坏可以采用光束远场发散角、光束聚焦特征参数 K_f 和衍射极限因子 M^2（M）或光束传输因子 K 来表示。几种 CO_2 激光束横截面强度分布如图 5-9 所示。

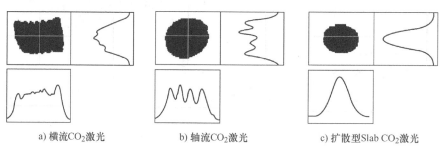

a) 横流CO_2激光　　b) 轴流CO_2激光　　c) 扩散型Slab CO_2激光

图 5-9　几种 CO_2 激光束横截面强度分布

高功率固体激光通过光纤后光束横截面强度分布如图 5-10 所示。
全固态激光束横截面强度分布三视图如图 5-11 所示。

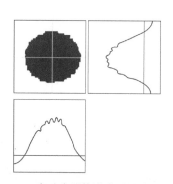

图 5-10　高功率固体激光通过光纤后光束横截面强度分布

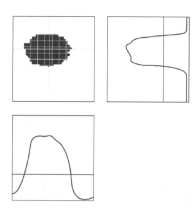

图 5-11　全固态激光束横截面强度分布三视图

常用 CO_2 激光器的光束品质见表 5-2。

表 5-2　常用 CO_2 激光器的光束品质

激光器类型	封离式	慢速轴流	横流	快速轴流	涡轮风机快速轴流	扩散冷却型 SLab
出现年代	20世纪70年代中期	20世纪80年代早期	20世纪80年代中期	20世纪80年代后期	20世纪90年代早期	20世纪90年代中期
最大功率/W	500	1000	20000	5000	10000	4500
M^2	不稳定	1.5	10	5	2.5	1.2
K_f/mm·mrad	不稳定	5	35	17	9	4.5

工业用固体激光器的光束品质见表5-3。

表5-3 工业用固体激光器的光束品质

激光器类型	灯激发体	半导体激发	片状固体 DISC	LD端面激发 SLab	单颗光纤激光器	多颗积体光纤激光器
出现年代	20世纪80年代	20世纪80年代末期	20世纪90年代中期	20世纪90年代末期	21世纪初	21世纪初
功率/W	6000	4400	4000(样机)	200	700	10000
M^2	70	35	7	1.1	4	70
K_f/mm·mrad	25	12	2.5	0.35	1.4	25

5.3 激光切割应用

5.3.1 金属材料激光切割

CO_2激光加工技术是一项先进的制造技术,激光切割是激光加工技术应用领域的一部分,激光切割的工业应用始于20世纪70年代初,是当今先进的切割工艺。

1. 普通碳钢的激光切割

(1)低碳钢最适合采用氧助熔化激光切割 低碳钢含有99%以上的铁,铁的氧化反应产生大量的热量,因此通过吹氧辅助,可以减小对激光能量的要求。另外氧气可自由穿过氧化反应造成的氧化铁层进入熔化材料,使氧化反应可连续快速地沿切口移动。

(2)高碳钢的激光切割质量也较好 与低碳钢比,只是热影响区稍微大一些。含杂质低的冷轧钢板的激光切割质量优于热轧钢板。镀锌钢板和涂塑薄钢板的激光切割效果很好。使用激光切割的合金齿轮如图5-12所示。

2. 钣金件激光切割

激光切割特别适合于切割一些轮廓形状复杂、批量不大,从技术、经济成本和时间角度来衡量,制造模具不划算的钣金件。激光切割的机箱壳板如图5-13所示。

图5-12 激光切割的合金齿轮

【参见教学资源包(一)9.CO_2激光切割PPT】

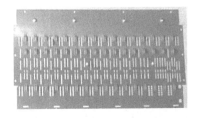

图5-13 激光切割的机箱壳板

另外,一些装饰、广告、服务行业用的不锈钢(一般厚度小于3mm)或非金属材料(一般厚度小于20mm)的图案、标记、字体等,如艺术相册的图案,公司、宾馆、商场的标记，车站、码头、公共场所的中英文字体也可采用激光切割。CO_2激光切割机器人如图5-14所示。

3. 石油割缝筛管的激光切割

绕丝筛管在强压下通过大的斜度井或水平井的弯段时，将会与井壁或套管发生挤压或摩擦，不可避免地产生乱丝现象，引起防、护砂效果的降低或防砂失败。针对绕丝筛管的这一弊端，管、缝一体的割缝筛管便显示出优越性。割缝筛管的加工方法有多种：镶嵌金属块法、陶瓷刀片加工方法、电化学与机械复合加工方法、激光切割法等。

图5-14　CO_2激光切割机器人
【参见教学资源包（四）
3.激光切割座椅视频】

激光割缝筛管是在石油套管或油管上，用激光切割出多条依一定规则排列的缝隙，如纵向直排式或交错式缝隙、螺旋直排式或交错式缝隙。割缝宽度一般在0.2～3.0mm，割缝截面为矩形、梯形或其他特殊形状，缝隙的布置可根据特定需要进行加工。

（1）激光割缝筛管的特点

1）防砂性能好、无堵塞（梯形割缝），可提高采油品质。

2）极大提高了割缝抗流砂的磨蚀作用。

3）增大了过流面积，提高了产油量。

4）筛管寿命长，减少修井，降低采油成本。

5）割缝筛管激光加工效率高，品质优良，成本低。

（2）加工技术

1）穿孔及切割过程：根据激光切割起始点对穿孔的要求，穿孔直径不大于缝宽（约0.2mm）。对较厚的管壁（约10mm），如用连续激光很难打出符合要求的孔，因此要求激光器必须带脉冲功能。先用低占空比超脉冲穿孔，然后逐步提高占空比和速度，最后达到连续额定输出功率和最佳切割速度。

2）割缝宽度的部分影响因素：割缝品质与切割速度有非常大的关系。激光功率的增加，在其他条件不变时，切缝宽度增加。实际上，激光功率增加，优质切割速度变大，优质切割速度范围也扩大，这样也提高了切割的品质稳定性和效率。

3）焦点位置对割缝品质的重要影响：通常壁厚小于3mm时，焦点处于上表面切割。对于厚壁管，一般都要入焦切割，这样可增大注入底面的能量，提高切割面的温度，降低熔渣的黏度，有利于排渣，可得到较好的割缝。

（3）割缝断面形状　直线割缝断面为矩形的窄缝（≤0.4mm），所需的缝宽可通过调整激光的功率、焦距、焦点位置、切割速度和氧气压力等参数来获得。对壁厚9.17mm的N80级钢管，采用带脉冲的CO_2气体激光切割，先用低占空比超脉冲穿孔，然后逐步提高占空比和速度，最后达到连续激光2kW输出，切割速度可达1m/min左右。割缝断面为矩形的窄缝激光割缝筛管样件如图5-15所示。

  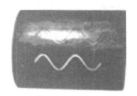

a) 直线切割　　　　　　b) 折线切割　　　　　　c) 曲线切割

图 5-15　割缝断面为矩形的窄缝激光割缝筛管样件

断面为梯形的割缝的切割，每条缝是通过采用来回切两刀的方式，并且光轴不穿过管子的轴线，达到形成梯形的两个侧面。割缝断面为梯形的激光割缝筛管样件如图 5-16 所示。

a)　　　　　　b)

图 5-16　割缝断面为梯形的激光割缝筛管样件

（4）割缝品质　割缝表面粗糙度 $<Ra6.3\mu m$，热影响硬化层厚度为 0.3mm，如图 5-17 所示。

图 5-17　管材专用激光切割系统

4. 不锈钢的激光切割

不锈钢一般采用高压氮气辅助切割，需要激光功率较高，切口白亮，不氧化、不变色。如用氧气助熔切割，在同样功率下切割速度可加快，但切口氧化变黑。不锈钢中含有 10%～20%（质量分数）的铬，由于铬的存在，倾向于破坏铁的氧化过程，使熔化层氧化不完全，反应热减少，切割速度较低。另一方面，由于熔化物没有完全氧化，与工件之间有较大的黏附力，不易完全从切口吹除，较易在切口的下缘留有熔化残渣。

切割不同材料钢材时的激光焦点位置，如图 5-18 所示。

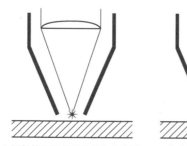
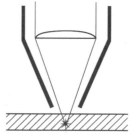

a) 切割普通低碳钢时的焦点位置　　b) 切割不锈钢时的焦点位置

图 5-18　切割不同材料钢材时的激光焦点位置

5. 镍合金的激光切割

对镍合金的激光切割与不锈钢的切割相似，但由于熔融态的镍的黏度较高，更容易引发熔渣黏附在切口背面，所以对镍合金的激光切割一般在较高的氧气压力下完成。随合金成分的不同，切割速度大约为切割同等厚度不锈钢的 0.5～1.0 倍。

6. 钛及其合金的激光切割

由于钛的氧化反应放热量很大，吹氧切割钛的氧化反应剧烈、切割速度较快，且很容易引起切口过烧，一般采用空气为辅助气体，更容易控制切割质量。而航空业常用的钛合金（Ti-6Al-4V）激光切割的质量较好，一般采用空气为辅助气体，在切口的底部会产生少许熔渣，但很容易清除，而切口会由于吸收了氧，产生一硬脆氧化层。吹惰性气体可减少氧化污染问题，但切口附近会存在热影响区。

7. 铝及其合金的激光切割

由于铝及其合金的热导率大，对红外激光又有高反射率，连续激光很难完成穿孔。如打磨其表面使之变粗糙、涂吸光材料或阳极钝化铝表面，也可从边缘起切或从预先钻孔处起切。但切割铝及其合金的最有效办法，是采用高重复频率、高峰值功率的脉冲激光，高的脉冲峰值功率能有效突破铝合金表面的吸收壁垒，获得良好的切口。

8. 铜材料的激光切割

铜和铝相似，对红外激光具有高反射率并具有高热导率，连续激光很难完成穿孔，属难切材料。采用高重复频率、高峰值功率的脉冲激光，辅助吹氧，可以较好地切割铜合金。

9. 激光切割用于层叠冲模模具的制造

激光切割普通合金工具钢冲模已用于工业生产。激光切割 200 片高强度钢板叠片式冲模（每片 1.2mm）只需要 10h，而采用传统的模具加工方法则需要 100～200h。为了降低激光切割含铬钢叠片式冲模切口的表面粗糙度，也有采用液氧、液氮等液体直接冷却板材的方法。

为了提高模具的寿命，人们想到了用钢结硬质合金作为激光切割叠片式冲模的最上一层。

淬火的 3～5mm 厚的 GW50 钢结硬质合金钢板，含有 40%～50%（质量分数）WC，是一种高熔点、高硬度（硬度 68～72HRC）、高耐磨的材料，切削加工很困难，导电性差，因此电火花加工效率低。激光切割显著地提高了硬化区的表面硬度达 35% 以上，切口两边形成了一个热影响硬化区，深度达 0.1～0.25mm，硬度达 1100～1600HV。

5.3.2 非金属材料激光切割

对 CO_2 激光，非金属材料几乎完全吸收 10640nm 的激光能量。一般切割所采用的辅助气体是空气。

非金属的切割可以是切割区的气化、熔化或化学裂解。在某些情况下，材料切除过程是以上几种机制中的两种或三种的组合。

1. 有机材料激光切割

1）纯的有机材料对 YAG 激光的透过率较大，所以不适合用 YAG 激光切割，而它对 CO_2 激光几乎完全吸收，所以有机材料特别适用于 CO_2 激光切割。它属于气化切割，切口品质特别好。

2）紫外激光可以对一些有机聚合物进行冷切割，是一种化学分割过程，而不是一般的热切割过程，因此切口尖锐，没有任何熔化痕迹，品质极高。

2. 纸张、木材等激光切割

1）纸张、木材等很容易采用激光进行切割。木材不熔化，属于气化切割，同时在切割区发生化学裂解，裂解产物由气流吹除，切口断面覆盖有残余碳颗粒。由于切口材料无熔化流动，切口通常很平滑。吹空气一般切缝会有黑色糊边，吹工业氮气切缝不会产生黑色糊边。对于较薄的材料，常用 100W 以下的中小功率 CO_2 激光切割。对于较厚的材料，如多层胶木板的纸盒模板切割，常用 500～1500W 的 CO_2 激光切割，通过参数控制，可切割出宽度均匀的矩形切口。

2）纸盒模切板的激光切割。传统的模切板制作，也就是在模板上开刀槽，多以手工锯割为主，而手工操作难以保证刀槽的宽度均匀和线性精度稳定，同时重复精度和定位精度更差。目前除国内常使用的多层木胶合板激光切割刀槽技术外，国外还流行使用三明治钢板激光切割刀槽技术和纤维塑料板高压水喷射开槽技术。模切板的寿命主要取决于切刀的品质和换刀次数。纤维塑料板和三明治钢板不仅精度高，克服了多层木胶合板易受湿度和温度变化影响的缺点，而且换刀次数分别为多层木胶合板的 3 倍和 6 倍以上。

3. 玻璃和石英的激光切割

1）玻璃材料对 CO_2 激光的吸收率很高，能有效地吸收激光束的能量而被热能熔化，可以加工，但会伴随着切口下沉，周围产生的热应力也会使边缘出现裂纹（玻璃的韧性太差），因而不能进行相当精确的切割加工。

2）石英材料比玻璃耐热冲击，熔点很高，因此可以用激光切割。CO_2 激光切割薄的石英板材或管材效率很高，如用 450W CO_2 激光切割石英灯泡管，每小时可切 4000 个。

4. 陶瓷材料的激光切割

1）陶瓷材料比玻璃耐热冲击，熔点很高，因此可以用激光切割，但采用通常的穿透切割，速度比较低。由于切口附近的热梯度较大，有可能产生裂纹，预加热陶瓷材料和使用脉冲激光，是减少切割区热冲击的有效方法。

2）采用脉冲激光，在陶瓷上缘直线打一系列互相衔接的盲孔，由于应力集中，材料很容易准确地沿此线折断，且切割速度很高。划痕切割只适用于直线切割。

3）紫外脉冲激光切割陶瓷薄片时，切割边缘陡直、光滑，无细小裂纹，热影响区域极小，切割边缘位置准确度高，精度好。

值得注意的是，以酚甲醛树脂为基础的材料不宜用激光切割。夹布胶木、玻璃胶布板、合成材料等以酚甲醛树脂为基础的材料很难用激光切割。因这些材料在激光辐照作用下，产生熔融的黏性物质，这种黏性物质很难被气流从切口区域吹走，而在切割这些材料时需要更大的能量消耗，另外这种熔融的黏性物质对红外光有更高的反射率，所以反射光很容易毁坏激光加工镜头。

5.3.3　三维激光切割

1）经过模具压轧成形后的汽车钣金件为立体形状，一般再加工较为困难，而五轴联动的激光加工机可灵活地进行压边的切除和孔洞的开挖等空间曲线切割，充分显示出激光加工的优越性。

2）由于激光切割精度高，且快捷灵活，所以在切割金属薄板领域中仍有广泛的应用，如小汽车车身成形后开天窗等。三维激光切割机器人如图5-19所示。

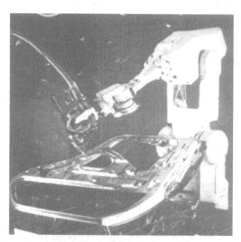

图5-19　三维激光切割机器人

【参见教学资源包（四）4.激光切割NTC3DLaser视频】

5.3.4　大功率光纤激光器

大功率光纤激光器具有免维护、寿命长、环境温度影响小、光束模式好等优点，将开启激光加工应用的新市场。

以IPG公司700W的单光纤激光器为例，光纤的输出端最佳的光束参数小于1.4mm·mrad，远优于千瓦级的CO_2激光器的输出光束参数（大于12mm·mrad），并且具有极好的输出光束。在150mm长焦深的情况下，其光束锥度不大，而焦点处光斑直径小于50μm，具有为工作区输出高功率密度的能力。大功率光纤激光器还有如下优点：转换效率高，可达20%以上；寿命长，可达10×10^4h，可长期连续运行；一体化设计，无须光学调校和维护，可在各种环境条件下运转；无机械稳定问题，灵活的光纤输出，特别适合于三维数控切割加工。

此外，大功率光纤激光器优异的光束品质使其能很好地聚焦，可成功地切割有很高反射率的材料，如铝、铜等金属材料。某公司的单光纤激光器如图 5-20 所示。

图 5-20　某公司的单光纤激光器

【参见教学资源包（四）5.激光切割仿真视频】

 复习思考题

1. 何谓激光切割？它有哪些特点？
2. 影响激光切割质量的因素有哪些？
3. 简述普通碳钢和不锈钢的激光切割特性。
4. 简述三维激光切割的特点及应用。
5. 简述大功率光纤激光器的特点及应用。

参 考 文 献

[1] 刘伟，周广涛，王玉松．焊接机器人基本操作及应用［M］.2版．北京：电子工业出版社，2015．

[2] 中国焊接协会焊接设备分会，中国机械工程学会焊接分会机器人与自动化专业委员会．焊接机器人实用手册［M］．北京：机械工业出版社，2014．

[3] 刘伟，魏秀权．机器人焊接高级编程［M］．北京：机械工业出版社．2021．